高等学校电子信息类系列教材

Web 前端开发技术

主　编　罗　佳　张明星
副主编　王丹枫　范　琨　张辉娟

图书资源

西安电子科技大学出版社

内 容 简 介

本书是介绍 Web 前端开发技术的教材，旨在帮助读者了解前端开发的基本概念，掌握前端开发的主流技术。本书涵盖了 HTML、CSS 和 JavaScript 三个前端开发技术的核心知识，同时也介绍了一些流行的前端框架和库。

本书介绍了 Web 前端开发的基本概念和原理，包括 HTML 和 CSS 的基本语法与用法以及 JavaScript 的基本语法与 BOM、DOM 操作，并深入讲解了响应式设计、性能优化、前端框架和库的使用等内容。书中给出了大量实际案例和项目实战，可帮助读者理解和掌握前端开发的实际应用技能。

本书可作为高等学校计算机科学、软件工程、信息技术等专业的教材，也可作为自学者或对前端开发感兴趣的读者的学习参考书。

图书在版编目 (CIP) 数据

Web 前端开发技术 / 罗佳，张明星主编 . -- 西安 : 西安电子科技大学出版社 , 2024. 11. -- ISBN 978-7-5606-7451-3

Ⅰ. TP393.092.2

中国国家版本馆 CIP 数据核字第 2024QK4711 号

策　　划　吴祯娥　刘统军
责任编辑　吴祯娥
出版发行　西安电子科技大学出版社 (西安市太白南路 2 号)
电　　话　(029) 88202421　88201467　　邮　　编　710071
网　　址　www.xduph.com　　电子邮箱　xdupfxb001@163.com
经　　销　新华书店
印刷单位　陕西精工印务有限公司
版　　次　2024 年 11 月第 1 版　　2024 年 11 月第 1 次印刷
开　　本　787 毫米 × 1092 毫米　1/16　　印 张 19
字　　数　450 千字
定　　价　58.00 元
ISBN 978-7-5606-7451-3

XDUP 7752001-1

前　言

随着移动互联网的蓬勃发展和各种新型互联网应用的涌现，Web 前端开发技术在人们日常生活和商业活动中广泛应用。不论是企业网站还是移动应用，都需要优秀的前端开发工程师来打造用户友好的界面，给用户提供良好的使用体验，因此，Web 前端开发技术已经成为 IT 从业人员的必备技能之一。

本书旨在帮助读者更好地掌握前端开发的基础知识和技能，成为优秀的前端开发工程师。我们深知前端开发技术的繁杂性和多样性，因此在编写时力求将最新的前端开发技术和最佳实践融入书中，以帮助读者更好地理解和掌握前端开发的核心知识。

本书内容主要包括 HTML、CSS 和 JavaScript 三大核心技术以及与前端开发相关的其他技术和工具。本书从最基础的知识点开始讲解，逐步深入，涵盖了页面布局、响应式设计、动态网页设计、异步请求、前端框架、性能优化等内容，重要知识点包括 HTML5 新特性和新标签、CSS3 新特性、弹性盒子布局、动画与特效、JavaScript 高级 API、BOM 和 DOM 对象、正则表达式等。无论是初学者还是有一定经验的开发者，都能在书中找到适合自己的学习路径和知识点。

为了更好地说明概念和理论，书中有很多真实的案例，能够让读者更直观地理解概念，并将其应用到实际企业开发情境中。除此以外，每章后设置了拓展作业，以帮助读者更好地理解和应用所学知识，让读者能够更积极地参与学习过程。本书设置了众多案例，以帮助读者更好地将所学知识应用到实际工作中，并提升实践能力。

在编写本书的过程中，我们深入研究了当前前端开发领域的热门技术和工具，同时也结合自己多年的实战经验和教学经验，力求将复杂的技术内容以通俗易懂的方式呈现给读者。通过本书的学习，读者将能够对前端开发技术有更深入的理解，提高前端开发能力。

本书的作者团队是由 5 位经验丰富的前端开发工程师和教育专家组成的，他们在相关领域有着丰富的工作经验和教学经验，每个人在不同方面作出了不同的贡献。

罗佳（贵阳人文科技学院副院长）：担任本书主编，主要负责本书的结构设计，对本书进行润色、调整和修订；并且通过调研学生和市场现状，根据教育教学的趋势和技术发展状况设计本书结构，确保其整体性和连贯性。

张明星：担任本书主编，主要负责本书的撰写，包括每个章节知识点安排、章节内容设计与编撰、章节目标和重难点设计、每个知识点案例设计、课后作业设计等，确保本书的专业性和科学性。

王丹枫、范琨：担任本书副主编，负责本书审校工作，包括语言、逻辑等方面的修改，确保教材的准确性和规范性。

张辉娟：担任本书副主编，负责本书的出版工作，确保本书的美观性和高质量。

所有团队成员共同努力，通过各个环节的协作，创作出这本丰富、实用的教材，希望能够给读者带来更多的学习启发和帮助。

本书的编写得到了众多专业人士的支持和帮助，我们要特别感谢所有参与本书编写和出版的人员。正是他们的辛勤工作和付出，才使得本书得以顺利出版。

最后，希望本书能够帮助到每一位读者，让大家在前端开发的道路上走得更远、更稳健。我们诚挚地希望本书能够成为您在前端开发领域的得力伴侣，帮助您掌握前沿技术，提升自我能力，更好地应对未来的挑战。

祝愿大家学习愉快，取得更大的进步和成就！

编　者

2024 年 6 月

目　录

第 1 章　HTML 简介……1

学习目标……1

学习内容……1

1.1　互联网……1

1.2　软件开发……1

1.3　HTML 语言……2

1.4　HTML 案例展示……3

1.5　HTML 标记……4

1.6　HTML 元素……5

1.7　HTML 属性……5

1.8　开发软件安装使用说明……6

拓展作业……9

第 2 章　HTML 图文标记……10

学习目标……10

学习内容……10

2.1　HTML 标题……10

2.2　HTML 段落与换行……11

2.3　HTML 头部标记……13

2.4　HTML 标记属性……14

2.5　HTML 文本格式化……16

2.6　HTML 实体字符……17

2.7　HTML 图片……19

2.7.1　统一资源定位符 (URL)……19

2.7.2　相对路径与绝对路径……20

2.7.3　图文对齐模式……21

2.7.4　图片整体居中……22

2.8　HTML 超链接……23

2.8.1　图片超链接……25

2.8.2　超链接锚点……25

拓展作业……27

第 3 章　HTML 表格元素……28

学习目标……28

学习内容……28

3.1　HTML 表格标记……28

3.2　HTML 表格属性……30

3.3　HTML 表格制作计算器……33

3.4　HTML 表格制作统计表格……35

3.5　HTML 制作导航栏……39

3.6　HTML 实现图文排版……41

拓展作业……46

第 4 章　HTML 布局元素……48

学习目标……48

学习内容……48

4.1　HTML 列表标记……48

4.1.1　无序列表……48

4.1.2　有序列表……50

4.1.3　自定义列表……52

4.1.4　列表嵌套……53

4.2　HTML 区块内联元素……54

4.3　HTML 表单标记……56

4.4　HTML 音视频……60

拓展作业……62

第 5 章　CSS 基础属性……64

学习目标……64

学习内容……64

5.1　CSS 简介……64

5.2　CSS 的 3 种引入方式……64

5.2.1　外部样式……65

5.2.2　内部样式……65

5.2.3　内联样式……66

5.2.4　多重样式的优先级……67

5.3　3 种基本选择器……69

5.3.1　元素选择器……69

5.3.2　ID 选择器……70

5.3.3　CLASS 选择器……70

5.3.4　3 种选择器的优先级……71

5.4　CSS 尺寸属性……72

5.5　CSS 背景属性……74

5.5.1　background-color 属性……75

5.5.2　background-image 属性……77

5.5.3 background-repeat 属性......78
5.5.4 background-attachment 属性......79
5.5.5 background-position 属性......79
5.5.6 background-size 属性......80
5.5.7 background 属性......81
拓展作业......82
第 6 章 CSS 文本属性......84
学习目标......84
学习内容......84
6.1 CSS 文本属性......84
6.2 CSS 字体属性......87
6.3 CSS 单位类型......88
6.4 CSS 超链接属性......91
拓展作业......94
第 7 章 CSS 列表排版......95
学习目标......95
学习内容......95
7.1 CSS 后代选择器......95
7.2 CSS 列表属性......96
7.3 CSS 显示类型......100
7.4 CSS 显示隐藏......107
7.5 CSS 下拉菜单......110
拓展作业......113
第 8 章 CSS 表格属性......114
学习目标......114
学习内容......114
8.1 CSS 表格标题属性......114
8.2 CSS 表格边框......116
8.3 CSS 表格文字对齐......119
8.4 CSS 表格隔行色......121
拓展作业......124
第 9 章 CSS 盒子模型......125
学习目标......125
学习内容......125
9.1 CSS 盒子模型......125
9.2 CSS 内边距......125
9.3 CSS 边框......127
9.3.1 边框圆角属性......132
9.3.2 圆角制作椭圆和半圆......134
9.3.3 内边距及边框融合属性......135
9.4 CSS 轮廓......138
9.5 CSS 外边距......139
9.5.1 外边距调整元素位置......140
9.5.2 外边距合并......141
9.6 CSS 盒子阴影......143
拓展作业......145
第 10 章 CSS 定位布局......146
学习目标......146
学习内容......146
10.1 CSS 浮动属性......146
10.1.1 CSS 清除浮动......148
10.1.2 CSS 浮动排版......149
10.2 CSS 定位属性......153
10.2.1 相对定位......154
10.2.2 固定定位......155
10.2.3 绝对定位......156
10.2.4 元素重叠......158
10.2.5 绝对居中......159
拓展作业......161
第 11 章 CSS 多元选择器......162
学习目标......162
学习内容......162
11.1 通用选择器......162
11.2 多条件选择器......163
11.3 后代选择器......164
11.4 直接子元素选择器......165
11.5 相邻兄弟选择器......166
11.6 后续兄弟选择器......167
11.7 伪类与伪元素选择器......168
11.8 属性选择器......171
拓展作业......173
第 12 章 CSS 特效与动画......174
学习目标......174
学习内容......174
12.1 过渡......174
12.2 变换......176
12.3 动画......179
12.4 渐变......181

拓展作业......183
第 13 章　CSS 弹性盒子......184
学习目标......184
学习内容......184
13.1　显示方向......184
13.2　自然换行......186
13.3　水平对齐......187
13.4　垂直对齐......189
13.5　子元素对齐......191
13.6　子元素自适应......192
拓展作业......194
第 14 章　JavaScript 语法基础......195
学习目标......195
学习内容......195
14.1　引入方式......195
14.2　注释......197
14.3　变量......198
14.4　基本数据类型......198
14.5　运算符......199
拓展作业......204
第 15 章　JavaScript 函数......205
学习目标......205
学习内容......205
15.1　函数......205
15.2　参数......206
15.3　返回值......207
15.4　函数作用域......208
15.5　嵌套函数和闭包......209
拓展作业......211
第 16 章　JavaScript 语句......212
学习目标......212
学习内容......212
16.1　条件语句......212
16.1.1　if 语句......212
16.1.2　else 语句......213
16.1.3　else...if 语句......214
16.2　开关语句......215
16.3　循环语句......217
16.3.1　while 循环......217
16.3.2　do...while 循环......218
16.3.3　for 循环......218
16.4　break 语句......219
16.4.1　循环中的 break......219
16.4.2　label 中的 break......220
16.5　continue 语句......221
16.5.1　循环中的 continue......221
16.5.2　label 中的 continue......221
拓展作业......222
第 17 章　JavaScript 数组......224
学习目标......224
学习内容......224
17.1　理解数组......224
17.2　创建数组......224
17.3　访问数组元素......226
17.4　数组遍历......227
17.5　参数数组......229
拓展作业......230
第 18 章　JavaScript 数组内置函数......231
学习目标......231
学习内容......231
18.1　数组操作函数......231
18.1.1　concat()......231
18.1.2　push()......232
18.1.3　pop()......232
18.1.4　shift()......233
18.1.5　unshift()......234
18.1.6　reverse()......234
18.1.7　toReversed()......235
18.1.8　sort()......236
18.1.9　toSorted()......236
18.1.10　slice()......237
18.1.11　splice()......238
18.1.12　toSpliced()......239
18.1.13　includes()......239
18.1.14　indexOf()......240
18.1.15　join()......241
18.2　数组遍历函数......242
18.2.1　forEach()......242

18.2.2 map()......243
18.2.3 every()......243
18.2.4 some()......244
18.2.5 filter()......245
18.2.6 find()......246
18.2.7 reduce()......247
18.2.8 flat()......249
拓展作业......250
第 19 章 JavaScript 对象......251
学习目标......251
学习内容......251
19.1 理解对象......251
19.2 创建对象......252
19.3 类......254
19.3.1 构造函数......255
19.3.2 继承......256
19.3.3 私有属性......257
19.3.4 静态属性......258
拓展作业......259
第 20 章 JavaScript 内置对象......260
学习目标......260
学习内容......260
20.1 Number 对象......260
20.1.1 toExponential()......260
20.1.2 toFixed()......261
20.1.3 parseInt()......262
20.1.4 parseFloat()......263
20.2 Math 对象......264
20.3 Date 对象......266
20.4 RegExp 对象......267
20.4.1 正则表达式......268
20.4.2 test()......270
20.4.3 exec()......270
20.5 String 对象......271
20.5.1 search()......271
20.5.2 match()......272
20.5.3 matchAll()......272
20.5.4 replace()......273
20.5.5 startsWith()......274
20.5.6 endsWith()......275
20.5.7 slice()......276
20.5.8 split()......276
拓展作业......278
第 21 章 JavaScript BOM 对象......279
学习目标......279
学习内容......279
21.1 screen 对象......279
21.2 history 对象......280
21.3 location 对象......281
21.4 navigator 对象......282
21.5 setTimeout()......283
21.6 setInterval()......284
拓展作业......285
第 22 章 JavaScript DOM 对象......286
学习目标......286
学习内容......286
22.1 DOM 节点......287
22.2 事件对象......288
拓展作业......291
第 23 章 综合案例......293
学习目标......293
学习内容......293
23.1 手机商城综合案例......293
23.2 电影频道综合案例......294
23.3 旅游出行 App 综合案例......295
参考文献......296

第1章　HTML 简介

学习目标

1. 了解互联网及软件开发。
2. 了解 HTML 的概念及作用。
3. 掌握 HTML 网页的组成结构。
4. 掌握 HTML 的基础语法。
5. 掌握前端开发软件的安装和使用。

学习内容

1.1　互　联　网

互联网又称国际网络或因特网，指的是网络与网络之间连接成的庞大网络，这些网络以一组通用的协议相连，形成一个单一巨大的国际网络。

我国互联网的连接主要是通过电信、移动、联通等运营商开发的通信设施来实现的。

我们每天都在使用的通信软件都是基于互联网的，这些软件利用网络可以相互连接和通信，以达到传递信息、数据、媒体等资源的目的。

1.2　软 件 开 发

软件开发是根据用户需求制作出软件系统的过程。软件开发大致分为需求分析、系统设计、软件开发、集成测试、系统验收等过程，如图 1-1 所示。

软件又可分为系统软件和应用软件，平时我们开发和使用的大部分软件都属于应用软件。

软件可分为前端和后端两个部分。前端又叫客户端，平时我们下载和安装的软件都属于前端；后端就是我们常说的服务器端，主要负责接收客户端的请求任务并进行处理，最终返回结果到前端展示出来。例如，登录、聊天、发朋友圈等功能都是由前端和后端两个部分共同完成的。

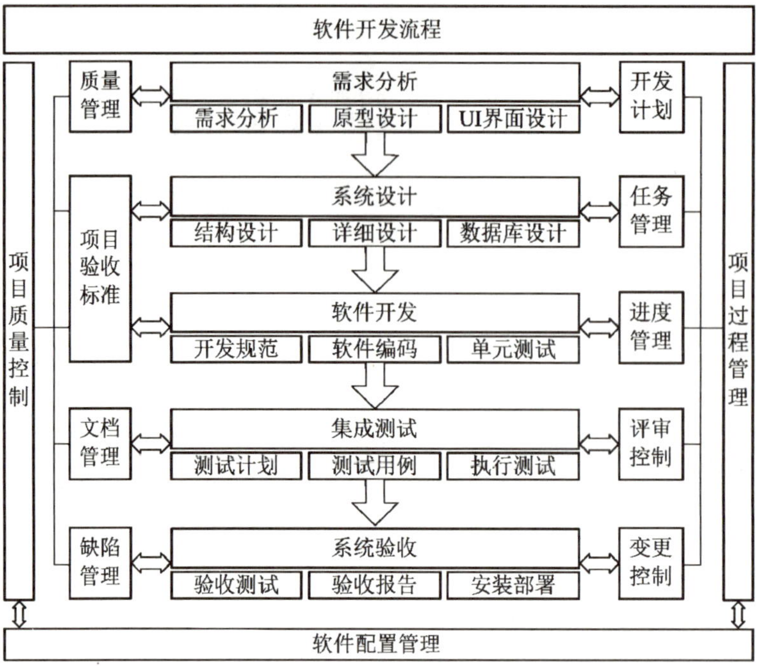

图 1-1　软件开发流程示意图

开发 Web 前端有三大核心技术，分别是 HTML(HyperText Markup Language，超文本标记语言)、CSS(Cascading Style Sheet，层叠样式表) 和 JavaScript(动态脚本语言)。

开发后端的技术主要是 Java 语言，其中 JavaScript 与 Java 语言有许多相似之处，但是它们之间又没有任何关系，分属于不同的语言。

1.3　HTML 语言

HTML 的作用是创建网页，开发软件的前端部分。其特点如下：

(1) HTML 是一种简单的标记语言，由各种标记组成，没有复杂的语法结构，容易上手，学习简单。

(2) HTML 的文档又叫作 Web 页面或者网页，每个文档可单独执行，可以显示图文、表格、音视频、超链接等元素。

(3) HTML 的文档是由英语和各个国家的语言编写而成的文本文件，无须编译即可通过浏览器直接解释执行，属于解释型语言，具有平台无关性，所以无须安装任何环境，只要有浏览器便可运行。

通常情况下，一个 HTML 类型的网页文件名默认是 index.html。当网页名为 index.html 时，可以在访问这个页面时忽略文件名不写，如 http://127.0.0.1/index.html 可以简写成 http://127.0.0.1。

1.4　HTML 案例展示

案例 1-1 展示了一个最简单的 HTML 文档代码，效果是在页面上显示一个标题和一段普通文字。

案例 1-1　代码如下：

```
<!DOCTYPE html>
<html>
    <head>
        <meta charset="UTF-8"/>
        <title> 设置页面的标题 </title>
    </head>
    <body>
        <h1> 超文本标记语言 </h1>
        <p> 欢迎来到 HTML 的世界 </p>
    </body>
</html>
```

案例 1-1 的显示效果如图 1-2 所示。

图 1-2　案例 1-1 的显示效果图

案例 1-1 中的标记解析如下：

(1) <!DOCTYPE html>：表示当前 HTML 版本为第 5 版。

(2) <html>：整个页面的根标记，所有内容都应该写在其内部。

(3) <head>：包含设置页面的全局参数。

(4) <meta charset="utf-8"/>：设置网页文字显示格式。

(5) <title>：设置页面在浏览器标签页中显示的标题。

(6) <body>：包含所有需要显示出来的内容，称为可见区域。

(7) <h1>：在页面上显示一个一级标题。

(8) <p>：在页面上显示一个段落的文字。

HTML 网页结构非常简单，如图 1-3 所示。

<html> 包括 head 和 body 两个部分。

(1) head 主要用于设置页面的全局参数，通常不会放置需要在页面上显示的内容。

(2) body 是页面的主体部分，需要在页面上显示的内容都应该放置在这里。

```
<!DOCTYPE html>
<html>
    <head>
        <meta charset="utf-8" />
        <title>设置页面的标题</title>
    </head>
    <body>
        <h1 align="center" id="one">超文本标记语言</h1>
        <p align="center">欢迎来到HTML的世界</p>
    </body>
</html>
```

head部分用于设置各种参数

body部分用于控制页面显示内容

图 1-3 HTML 网页结构

1.5 HTML 标记

HTML 标记通常又被称为 HTML 标签 (HTML Tag)，本书统一使用标记来描述。HTML 标记通常都是成对的，其语法格式如下：

```
< 开始标记 > 标记中的内容 </ 结束标记 >
```

所有标记必须写在一对尖括号内，否则无法被识别。HTML 标记的特征如下：

(1) 每一个标记由一对 <> 括起来，如 <p>。

(2) 标记的名称是由固定的单词构成的，每个标记可以反复使用。

(3) 标记只有两种，分别是单标记和双标记。

(4) 单标记由一对 <> 组成，如 <meta charset="utf-8"/>。

(5) 双标记由两对 <> 组成，如 <p> 和 </p>。

(6) 双标记中的第一个标记叫作开始标记 (开放标记)，第二个标记叫作结束标记 (闭合标记)。

标记中间的内容可以是包含其他标记的任意文本，表示如下：

```
<head>
    <meta charset="UTF-8"/>
    <title> 在这里填写页面的标题 </title>
</head>
```

<head> 和 </head> 之间包含了 <meta/> 和 <title> 标记，为了书写规范和阅读方便，标记内的内容习惯性向右退一格书写，呈现梯子状。

这些标记的单词是系统内置的，每一个都有特殊功能，不能随意更改。虽然用户也可以自己创建标记，称之为自定义标记，但是自定义标记不具备任何功能，不会在页面上显示出任何效果，因此自定义标记的意义不大，不推荐使用自定义标记。

HTML 中有个特殊的 <!----> 标记，该标记起解释说明的作用，称为注释标记。注释标记不会被浏览器解析执行，会被浏览器自动忽略，注释标记的功能仅仅是给开发人员提供注释说明。

1.6　HTML 元素

HTML 元素是指由开始标记、结束标记以及标记中的内容组成的整体，下面的代码中包括 body 元素、h1 元素和 p 元素。

```
<body>
    <h1> 超文本标记语言 </h1>
    <p> 欢迎来到 HTML 的世界 </p>
</body>
```

在这段代码中，body 元素中包含 h1 元素和 p 元素；每个元素的内容是任意的，可以包括很多其他标记，也可以只包含一段简短的文字，甚至其内容还可以为空。

需要注意的是，<meta charset="utf-8" /> 标记并不是成对出现的，在其开始标记的后尖括号前面有一个“/”符号，用于表示结束，这种标记又称为单标记。从元素的概念分析，由于 meta 元素只要一个标记，也就不能存在开始标记和结束标记中间的内容，因此这种元素又称为空元素。通常情况下，空元素都具有特殊功能，如图片、换行、分割线等，而普通元素基本上都是用于显示文字信息的。

1.7　HTML 属性

为了满足用户的使用需求，还可以为 HTML 标记设置属性。属性是写在开始标记尖括号中、标记名称后面的一对值，称为键值对或者名值对。HTML 标记的属性可以分为控制型属性和扩展型属性。

控制型属性可以改变标记默认显示效果，但是这种改变是有限的，只能按照 HTML 内置提供的方式来改变。

扩展型属性不改变标记默认显示效果，仅仅为标记额外补充了信息，这些信息常在 JavaScript 中被使用，例如通过自定义的扩展属性 is-show="true" 控制元素的显示和隐藏。这种属性相比控制型属性更具灵活性，可以按照自己的意图随意使用，不会影响页面的显示效果。

键值对的格式是 name="value"，即“名称 = 值”，其中 name 称为键，value 称为值，合起来就是键值对，多个键值对之间用空格分隔。键值对的概念在软件开发中很常见，在后期的学习中会经常使用。

HTML 属性的特征如下：

(1) 属性必须书写在 HTML 元素的开始标记中。

(2) 属性不能书写在 HTML 元素的结束标记中。

(3) 一个元素可以有多个属性，多个属性在书写上没有先后顺序。

(4) 属性的语法格式为“名称 = 值”。

(5) 属性的名称是固定不变的。

(6) 属性的值是可以改变的。

案例 1-2 展示了 HTML 属性的使用方法。

案例 1-2 代码如下：

```
<!DOCTYPE html>
<html>
    <head>
        <metacharset="UTF-8" />
        <title> 设置页面的标题 </title>
    </head>
    <body>
        <h1 align="center" id="one"> 超文本标记语言 </h1>
        <p align="center"> 欢迎来到 HTML 的世界 </p>
    </body>
</html>
```

案例 1-2 的显示效果如图 1-4 所示。

图 1-4 案例 1-2 的显示效果图

案例 1-2 中的属性解析如下：

(1) <h1> 标记中的 align="center" 属性是让 h1 元素中的文字水平居中显示。

(2) <h1> 标记中的 id="one" 属性是给 h1 元素添加了一个唯一的编号。

(3) <p> 标记中的 align="center" 属性是让 p 元素中的文字水平居中显示。

(4) align="center" 属性属于控制型属性。

(5) id="one" 属性属于扩展型属性。

每个标记可以使用的属性是不一样的，如 id 属性是通用属性，在所有标记中都能使用，而 align 属性则只能在个别文字标记中使用。

1.8 开发软件安装使用说明

本书使用 HbuilderX 开发软件，读者可自行从网上下载并安装，安装好之后直接运行即可，无须额外配置和安装其他辅助软件。HbuilderX 软件的下载地址为 https://www.dcloud.io/hbuilderx.html。

安装好 HbuilderX 软件后，打开效果如图 1-5 所示，注意 Windows 系统和 Mac 系统的显示界面会有所差异。

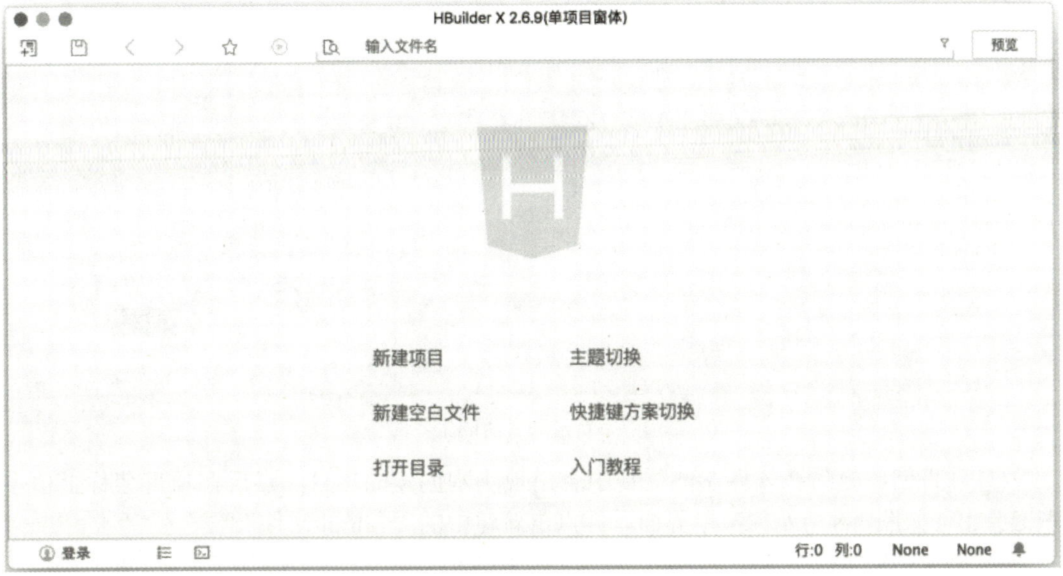

图 1-5　HbuilderX 软件主界面

使用 HbuilderX 软件创建项目的流程如下：

(1) 单击菜单中的“文件”命令，选择“新建”命令，最后选择“项目”命令，会出现如图 1-6 所示的窗口。

图 1-6　新建项目

(2) 选择“普通项目”，填写项目名称和选择存放路径后，单击“创建”按钮后的效果如图 1-7 所示。

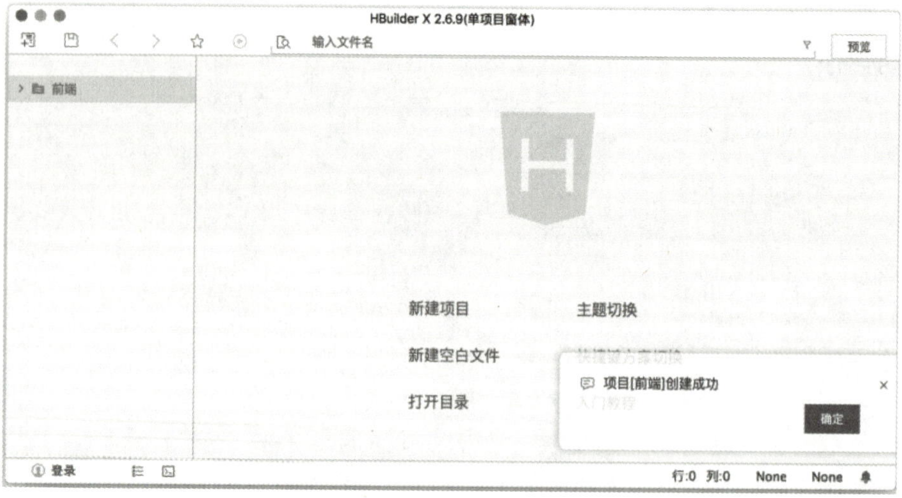

图 1-7 新建项目后的主界面

(3) 项目创建之后在软件左侧栏目中会出现刚刚创建的项目，然后在项目名称上单击右键会出现如图 1-8 所示的菜单界面，再点击新建中的“7.html 文件”。

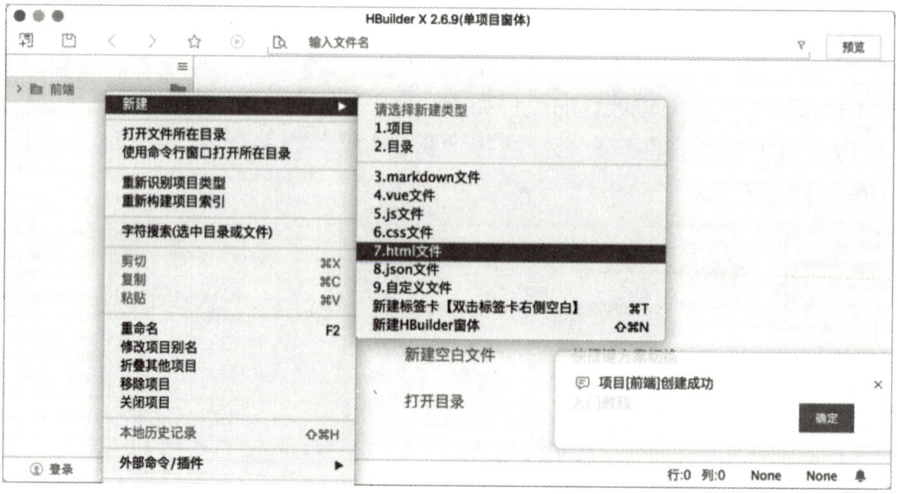

图 1-8 新建 HTML 文件

(4) 在图 1-9 所示的新窗口中输入后缀名为“.html”的文件名，此处输入的文件名为 index.html。

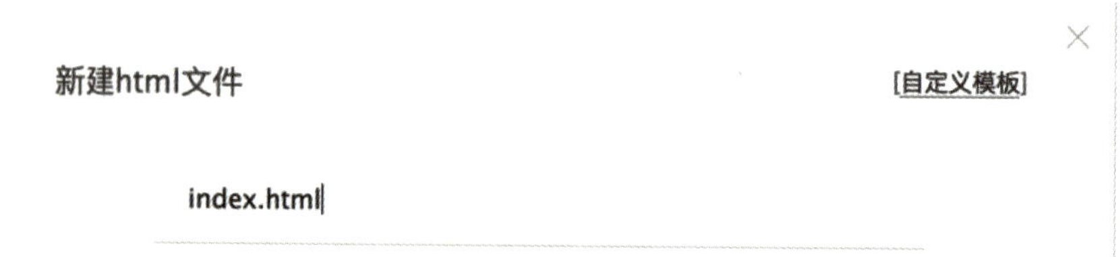

图 1-9 新建 HTML 文件窗口

(5) 单击最下方的“创建”按钮，文件便创建成功。文件创建成功后会生成默认 HTML 模板代码，效果如图 1-10 所示。

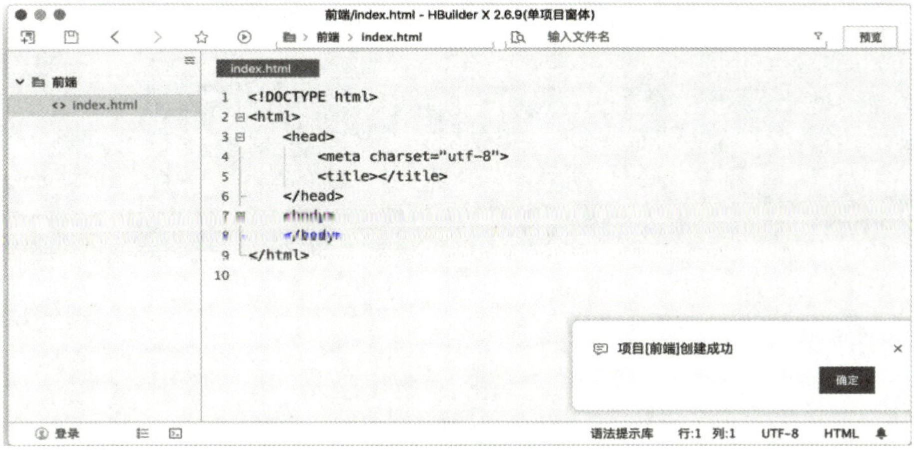

图 1-10　HTML 模板代码

项目创建完成后就可以在 HTML 文件中编写代码了。首先在 <title></title> 元素中添加标题文字，再在 <body></body> 元素中添加需要显示的文字，最后单击软件右上角的“预览”按钮，等待自动安装预览工具后便可看到页面的显示效果。HTML 页面的预览效果如图 1-11 所示。

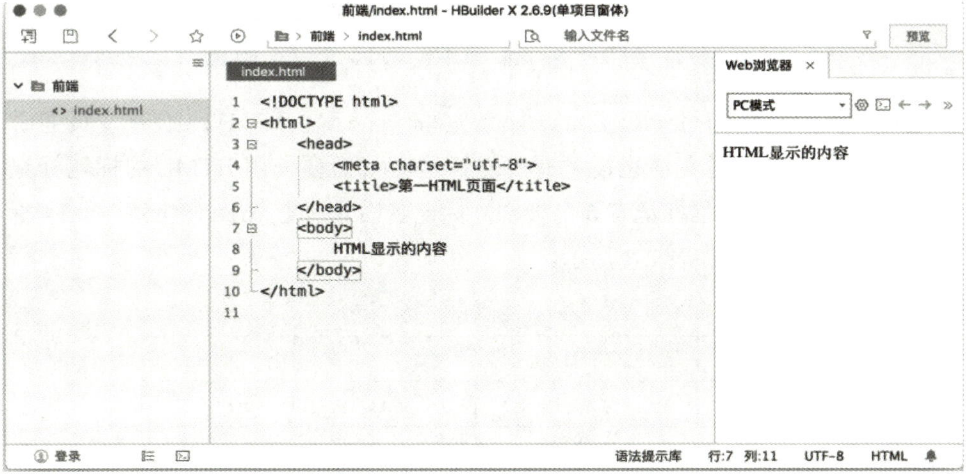

图 1-11　HTML 页面的预览效果

该软件操作较为简单，此处不再扩展，更多使用技巧可以在下载软件的链接中查看和学习。

在该软件中编写代码时无须手动输入尖括号，只要写出标记的英文单词并按回车键即可自动补全尖括号。使用开发软件编辑代码能够大大提高开发效率。

拓展作业

1. 通过自己的理解，描述 HTML 标记、元素、属性分别表示什么。
2. 安装和使用编程软件并创建一个简单的 HTML 页面，内容不限。
3. 制作一个自我介绍的网页，包括个人信息、学校信息等。

第 2 章　HTML图文标记

学习目标

1. 了解 HTML 常用文字标记。
2. 掌握 HTML 标记和属性的搭配使用。
3. 学会自己编写简单的文章页面。

学习内容

2.1　HTML 标题

在生活中，如果我们写一篇文章，都会先写一个标题。在 HTML 开发页面时，也会经常写一些文字，而写文字也需要有标题，这时就需要使用 HTML 的标题标记。在 HTML 页面中，文本的标题标记有 6 个级别，标记名称分别是 <h1>～<h6>，<h1> 标题最大，依次递减。标题标记如表 2-1 所示。

表 2-1　标 题 标 记

标 记	描 述	案 例
<h1>	一级标题	<h1> 标题 H1</h1>
<h2>	二级标题	<h2> 标题 H2</h2>
<h3>	三级标题	<h3> 标题 H3</h3>
<h4>	四级标题	<h4> 标题 H4</h4>
<h5>	五级标题	<h5> 标题 H5</h5>
<h6>	六级标题	<h6> 标题 H6</h6>

标题标记有默认的文字大小以及段落间距。一级标题的字体最大，间距也最大。案例 2-1 展示了 6 级标题的不同显示样式。

案例 2-1　代码如下：

```
<!DOCTYPE html>
<html>
    <head>
```

```
        <meta charset="UTF-8"/>
        <title> 文档标题 </title>
    </head>
    <body>
        <h1> 标题 H1</h1>
        <h2> 标题 H2</h2>
        <h3> 标题 H3</h3>
        <h4> 标题 H4</h4>
        <h5> 标题 H5</h5>
        <h6> 标题 H6</h6>
    </body>
</html>
```

案例 2-1 的显示效果如图 2-1 所示。

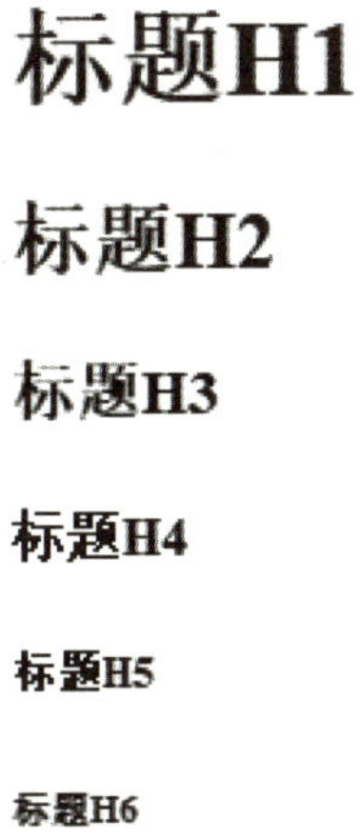

图 2-1　不同标题的显示效果图

标题标记并不是必须使用的，可以根据自己的需求来确定使用哪一级标题或者自定义标题。所有的标题标记默认都会换行显示，并且只有六级标题，没有第七级标题。

标题文字默认对齐方式为左对齐。标题中的文字如果太长而超出了页面的宽度，那么文字会自动换行。

2.2　HTML 段落与换行

在 HTML 中，无论是标题还是普通文字，所有文字都应该使用对应的标记来实现，将文字写在对应的标记里面，而普通文字用的标记就是段落标记。段落和换行标记的使用说明如表 2-2 所示。

表 2-2 段落和换行标记

标 记	描 述	案 例
<p>	普通文字标记 (段落标记)	<p> 这是一个段落 </p>
 	换行	

<p> 标记又称段落标记，即普通文字，多个段落之间也会自动换行，并且段落之间默认有段间距，如案例 2-2 所示。

案例 2-2 代码如下：

```
<!DOCTYPE html>
<html>
    <head>
        <meta charset="UTF-8">
        <title> 文档标题 </title>
    </head>
    <body>
        <p> 第一个段落，从第一行开始 </p>
        <p> 第二个段落，会自动换行，另起一行开始 </p>
        <br/>
        <p> 第三个段落，在这之前使用了 br 标记来换行，所以间隔变大 </p>
        <p> 第四个段落，在这之前使用了 hr 标记来实现分割线 </p>
    </body>
</html>
```

案例 2-2 的显示效果如图 2-2 所示。

第一个段落，从第一行开始

第二个段落，会自动换行，另起一行开始

第三个段落，在这之前使用了br标记来换行，所以间隔变大

第四个段落，在这之前使用了hr标记来实现分割线

图 2-2 段落和换行的显示效果图

在 HTML 中，空格和换行标记都会被自动忽略，不会显示出来。因此，如果需要显示出换行的效果需要使用换行标记
 来手动换行。

HTML 中的所有文字默认会显示到一行，一行显示不完的部分会自动换行显示。如果文字中有换行标记
，文字也会换行。

2.3　HTML 头部标记

HTML 的头部指 <head> 标记。在 <head> 标记中最常见的有两个标记，即 <meta> 标记和 <title> 标记。

<title> 标记表示当前文档的标题，展示在浏览器的顶部标签页上。<meta> 标记的作用是设置与页面相关的一些基本的属性和数据。<head> 标记的显示样式如案例 2-3 所示。

案例 2-3　代码如下：

```
<!DOCTYPE html>
<html>
    <head>
        <meta charset="UTF-8"/>
        <title> 文档标题 </title>
    </head>
    <body>
        <h1> 超文本标记语言 </h1>
        <p> 欢迎来到 HTML 的世界 </p>
    </body>
</html>
```

案例 2-3 的显示效果如图 2-3 所示。

图 2-3　标题和段落的显示效果图

<meta> 标记添加的数据不显示在页面上，但是会被浏览器解析，通常用于设置网页的描述、关键词、作者等信息。

在案例 2-3 中，<meta charset="UTF-8" /> 用于设置文字的编码格式，可以防止中文出现乱码的情况，其中最常用的编码格式是 UTF-8。

案例 2-4 展示了 <meta> 标记的其他功能。

案例 2-4　代码如下：

```
<!DOCTYPE html>
<html>
    <head>
        <meta charset="UTF-8"/>
        <title> 文档标题 </title>
```

```
        <!-- 为搜索引擎定义关键词 -->
        <meta name="keywords" content="HTML 超文本标记语言 ">
        <!-- 为网页定义描述内容 -->
        <meta name="description" content=" 前端必备的基础技能 ">
        <!-- 定义网页作者 -->
        <meta name="author" content="star">
        <!-- 每 5 s 刷新当前页面 -->
        <meta http-equiv="refresh" content="5">
    </head>
    <body>
        <h1> 超文本标记语言 </h1>
        <p> 欢迎来到 HTML 的世界 </p>
    </body>
</html>
```

案例 2-4 的显示效果如图 2-4 所示。

图 2-4　meta 常用参数示例

在案例 2-4 中，<meta> 标记的参数在页面上看不到具体的显示效果。

<meta> 标记中的 keywords 属性用于设置在各大搜索引擎中检索信息的关键词。如果不设置 keywords，则用户将无法搜索到相关网页。

<meta> 标记中的 description 属性用于设置网页被搜索引擎搜到后，展示各用户的网页描述内容。

<meta> 标记中的 author 属性用于设置网页的开发作者，只是简单说明当前网页是谁开发的。

<meta> 标记中的 refresh 属性用于设置网页自动刷新，可以让网页每隔指定时间自动刷新一次，比如在实时展示球赛比分时使用非常合适。

2.4　HTML 标记属性

属性是 HTML 标记的另一个关键内容，可以通过属性给标记添加额外的功能。

属性被书写在 HTML 的开始标记中，使用键值对的形式来表示。

属性的键是固定的，不能随便写，但是属性的值是自定义的。通常情况下属性值只能包含数字、字母、下画线，且不能以数字开头。再通俗一点地理解，HTML 标记的属性就像长方形的长宽属性一样，而且每个 HTML 标记的属性都不尽相同。接下来通过一个水平分割线 <hr> 标记来举例说明属性的使用方法。

表 2-3 列举了 <hr> 水平分割线标记的相关属性。

表 2-3　水平分割线标记的属性

属 性	值	描　　述
align	left|center|right	设置 <hr> 水平分割线的对齐方式，分别对应左、中、右
color	颜色单词	设置 <hr> 水平分割线的颜色
size	pixels	设置 <hr> 水平分割线的高度，单位为像素
width	pixels|%	设置 <hr> 水平分割线的宽度，单位为像素或者百分比

案例 2-5 展示了水平分割线标记的使用方法。

案例 2-5　代码如下：

```
<!DOCTYPE html>
<html>
    <head>
        <meta charset="UTF-8">
        <title> 文档标题 </title>
    </head>
    <body>
        <h4> 分割线的属性 </h4>
        <p> 宽度属性 (width="200") </p>
        <hr align="left" width="200">
        <p> 厚度属性 (size="20") </p>
        <hr align="left" width="200" size="20">
        <p> 颜色属性 (color="blue") </p>
        <hr align="left" width="200" size="20" color="blue">
    </body>
</html>
```

案例 2-5 的显示效果如图 2-5 所示 (可扫二维码查看原图，后同)。

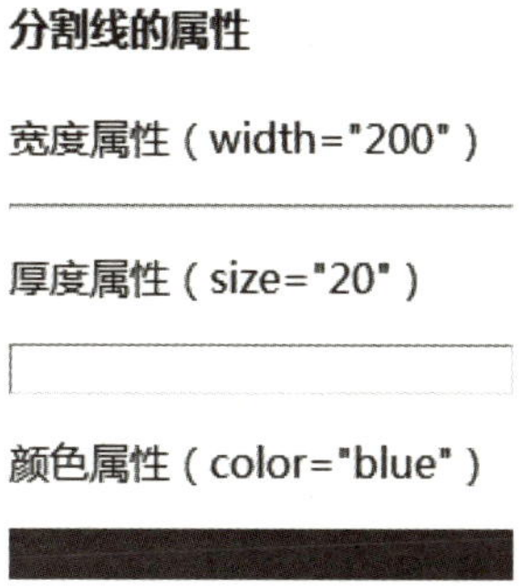

图 2-5　水平分割线不同属性的显示效果图

HTML 标记的属性必须写在开始标记中，且必须和标记名称之间使用空格隔开，如 <hr align="left" width="200">。每个 HTML 标记都有其对应的属性，不同类型的 HTML 标记的属性不一定相同。如果一个 HTML 有多个属性，则每个属性需要使用空格隔开，并且每个属性在代码书写上没有先后顺序之分。HTML 标记属性的键不需要使用引号括起来，但是属性的值必须使用引号括起来，单引号和双引号都是支持的，但是推荐使用双引号。

HTML 的属性可以划分为通用属性和特有属性两类。通用属性是每一个标记都具有的属性，如 id、class、style 等，并且在后面的章节中会频繁使用。而特有属性是某个标记专属的属性，在其他标记中不能使用，如 <p> 标记没有 size 属性和 color 属性，但是 <hr> 标记有 size 属性和 color 属性。

2.5 HTML 文本格式化

HTML 文本格式化标记指和文字样式相关的特殊标记，可以设置文字加粗、倾斜等样式，如表 2-4 所示。

表 2-4 文本格式化标记

标 记	描 述	案 例
<b>	粗体文本	<b> 加粗 </b>
<i>	斜体字	<i> 斜体 </i>
<small>	小号字	<small> 小号 </small>
<sub>	下标字	_{下标}
<sup>	上标字	^{上标}
<ins>	插入字 (下画线)	<ins> 下画线 </ins>
<del>	删除字 (中画线)	<del> 中画线 </del>

这几个标记是文本格式化标记中较常用的，记忆的技巧如下：

(1) 1 个字母的标记：<b>(加粗)、<i>(斜体)。

(2) 上标和下标：<sub>(下标，b 的圆圈在下)、<sup>(上标，p 的圆圈在上)。

(3) 插入字和删除字：<ins>(insert，插入，下画线)、<del>(delete，删除，中画线)。

(4) 字母最多的标记：<small>(小号的文字)。

案例 2-6 展示了文本格式化标记的使用方法。

案例 2-6 代码如下：

```
<!DOCTYPE html>
<html>
    <head>
        <meta charset="UTF-8">
        <title>HTML 文本格式化 </title>
    </head>
    <body>
```

```
        <h3 align="center"> 静夜思 <small><i><sub> ( 李白 <del> 诗作 </del>) </sub></i></small></h3>
        <hr align="center"width="160">
        <p align="center"><ins> 床前明月 <b> 光 </b></ins><sup>(1)</sup>，</p>
        <p align="center"><ins> 疑是地上 <b> 霜 </b></ins><sup>(2)</sup>。</p>
        <p align="center"> 举头 <b> 望 </b> 明月 <sup>(3)</sup>，</p>
        <p align="center"> 低头 <b> 思 </b> 故乡 <sup>(4)</sup>。</p>
        <hrwidth="160">
    </body>
</html>
```

案例 2-6 的显示效果如图 2-6 所示。

静夜思 *(李白诗作)*

床前明月**光**(1)，

疑是地上**霜**(2)。

举头**望**明月(3)，

低头**思**故乡(4)。

图 2-6　文本格式化标记的显示效果图

在案例 2-6 中，标题标记和段落标记都有文字对齐 align 属性，该属性的可选值有 left、center 和 right。

HTML 的标记之间可以相互嵌套，让多个标记的功能相互叠加，无论嵌套多少层标记都可以，并且没有嵌套先后顺序之分，但是一定要注意每一个嵌套标记的开始标记和结束标记的位置，确保其在正确的位置上。

在案例 2-6 中，<ins> 床前明月 <b> 光 </b></ins> 语句中的“光”字既在 <b> 标记中又在 <ins> 标记中，所以“光”字既加粗又有下画线。这就是嵌套标记的典型用法。

2.6　HTML 实体字符

实体字符就是一些特殊的符号，这些符号在键盘上找不到，所以在 HTML 中就创造出了实体字符来代替这些特殊符号。

除此之外，一些有特定功能的符号会产生歧义，也需要使用实体字符。例如，在 HTML 中尖括号 <> 是标记的特殊符号，如果需要显示小于号 (<) 和大于号 (>) 就会产生歧义，导致无法显示出小于号 (<) 和大于号 (>)。这是因为浏览器会误认为它们是标记，这时就需要使用实体字符来代替小于号 (<) 和大于号 (>)。

表 2-5 列举了常用的实体字符，除了表格中列举的实体字符外，还有很多其他的实体字符，这里不一一列举。

表 2-5 实 体 字 符

显示结果	描 述	实体名称
	空格	
<	小于号	<
>	大于号	>
©	版权	©
®	注册商标	®
™	商标	™

案例 2-7 展示了实体字符的使用方法。

案例 2-7　代码如下：

```
<!DOCTYPE html>
<html>
    <head>
        <meta charset="UTF-8">
        <title> 实体字符 </title>
    </head>
    <body>
        <p> 对于一些特殊的符号，需要使用实体字符来代替，</p >
        <p> 空格在 HTML 中会被自动忽略，如果需要显示空格，可使用 &amp;nbsp; 代替，</p >
        <p> 尖括号 "&lt;&gt;" 也是特殊符号，需要的时候可使用 &amp;lt; 和 &amp;gt; 代替，</p >
        <p> 版权 &copy; 使用 &amp;copy; 代替，</p >
        <p> 注册商标 &reg; 使用 &amp;reg; 代替，</p >
        <p> 商标 &trade; 使用 &amp;trade; 代替。</p >
    </body>
</html>
```

案例 2-7 的显示效果如图 2-7 所示。

对于一些特殊的符号，需要使用实体字符来代替，

空格在HTML中会被自动忽略，如果需要显示空格，可使用 代替，

尖括号"<>"也是特殊符号，需要的时候可使用<和>代替，

版权©使用©代替，

注册商标®使用®代替，

商标™使用™代替。

图 2-7　实体字符显示效果图

实体字符必须以“&”符号开始，以分号结束，否则无法正确显示出对应的实体字符。

2.7　HTML 图片

图片标记的功能就是显示图片，一个标记只能显示一张图片，多张图片需要使用多个图片标记。在 HTML 中，图片标记使用 <img> 标记表示。<img> 图片标记是空标记，也就是说没有闭合标记，也就没有内容，所以图片需要使用属性来指定。<img> 图片标记使用源属性“src”指定图像的地址。

<img> 图片标记的语法如下：

```
<img src="logo.png" width="200" height="200" />
```

表 2-6 列举了 <img> 标记的属性。

表 2-6　图片标记的属性

显示结果	值	实体名称
src	URL	规定图片地址和名称
width	%| 值	规定图片的宽度
height	%| 值	规定图片的高度

2.7.1　统一资源定位符 (URL)

<img> 标记中的 src 属性的值称为地址，又称 URL，全称为“统一资源定位符”，是全球通用的一种规范。

URL 的一般格式如图 2-8 所示。

http://　www.hxzygz.com:80/　special/php/　logo.png

http 协议　服务器主机 IP 地址（域名）　服务器上资源文件夹　服务器上资源名称

图 2-8　URL 格式示例图

<img> 标记中图片所在的位置可以分为本地图片和网络图片。本地图片是已经下载到自己计算机上的图片，网络图片是联网后在其他网站上看到的图片，网络图片在引用时必须添加 http 协议或者 https 协议。如果是本地图片，不仅需要下载到计算机上，还必须把图片复制到自己的 HTML 项目中。图 2-9 显示了案例 2-8 中已下载好的图片，图片名称为 timg.jpg。

图 2-9　案例 2-8 的图片位置示意图

案例 2-8　代码如下：

```
<!DOCTYPE html>
<html>
    <head>
        <meta charset="UTF-8">
        <title> 图片标记 </title>
    </head>
    <body>
        <p> 本地图片：将图片复制到 HTML 项目中 </p>
        <img src="img/timg.jpg">
    </body>
</html>
```

在案例 2-8 中，使用的图片是本地图片，使用时必须将图片复制到对应的项目中，否则无法使用，图片的地址为 img/timg.jpg。

2.7.2　相对路径与绝对路径

复制到项目中的图片资源在代码中使用时有相对路径和绝对路径两种寻址方式。其中相对路径是以当前正在编辑的文件所在的文件夹为出发点，去寻找当前文件夹或者其他文件夹内的资源。其寻址方向要么是回到上级目录，要么是进入某个下级目录，然后再寻找对应目录中的文件资源。

图 2-10 展示了一个三级目录结构，假设当前正在编辑的文件为 index.html 文件，则其上级目录为“案例 08”和“上级文件夹”，其下级目录为“下级文件夹”。

图 2-10　三级目录结构示意图

在图 2-10 所示的目录结构中，如果需要在 index.html 文件中引入图片，则具体情况如下：

(1) 引入 timg1.jpg 图片，对应的相对路径为 ../../timg1.jpg，对应的绝对路径为 /timg1.jpg。

(2) 引入 timg2.jpg 图片，对应的相对路径为 ../timg2.jpg，对应的绝对路径为 / 上级文件夹/timg2.jpg。

(3) 引入 timg3.jpg 图片，对应的相对路径为 ./timg3.jpg，对应的绝对路径为 / 上级文件夹/ 案例 08/timg3.jpg。

(4) 引入 timg4.jpg 图片，对应的相对路径为 ./下级文件夹/timg4.jpg，对应的绝对路径为/上级文件夹/案例 08/ 下级文件夹/timg4.jpg。

其中 ./ 表示当前所在文件夹，../ 表示上级文件夹，../../ 表示上级文件夹的上级文件夹，以此类推，其中 ./ 可以省略不写。

与相对路径比较，绝对路径的寻址规则完全不同。绝对路径是以整个项目的根目录为出发点，逐级向下取址，因此无论是哪一级文件的路径，都需要从根目录路径“/”开始。

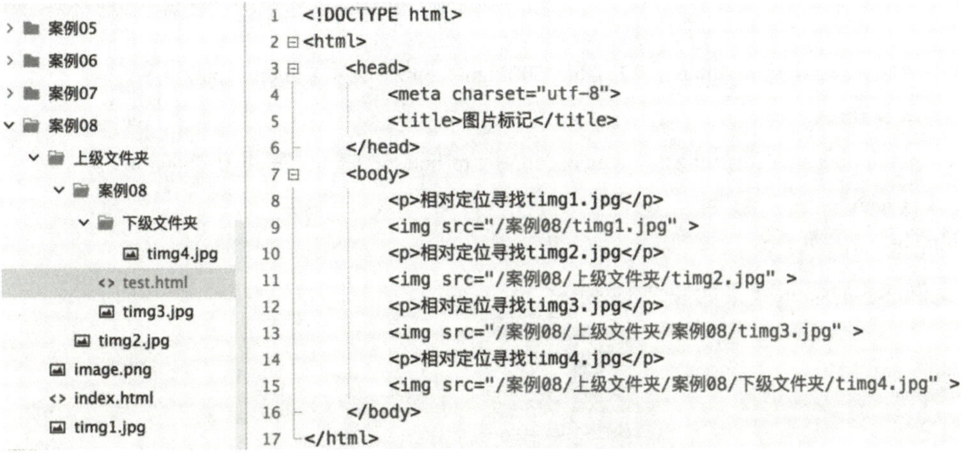

图 2-11　绝对路径的结构示意图

2.7.3　图文对齐模式

图片和文字的对齐方式可以在此阶段简单使用 <img> 标记的 align 属性来控制，学习了 CSS 以后统一使用 CSS 来调整 HTML 所有元素的样式。

<img> 标记进行图文对齐的语法如下：

```
<img align="middle|top|bottom">
```

<img> 标记的 align 属性值如表 2-7 所示。

表 2-7　图片 align 属性值

值	描　述
middle|center	把图像与周围文字的中央对齐
top	把图像与周围文字的顶部对齐
bottom	把图像与周围文字的底部对齐

案例 2-9 展示了图片对齐方式的使用方法。需要注意的是，图片对齐方式和文本对齐方式有很大的区别。

案例 2-9　代码如下：

```
<!DOCTYPE html>
<html>
    <head>
        <meta charset="UTF-8">
```

```
        <title> 图片对齐模式 </title>
    </head>
    <body>
        <img src="img/timg.jpg" height="50"/> 默认：底对齐
        <br>
        <img src="img/timg.jpg" height="50"align="center"/> 居中对齐 align="center"
        <br>
        <img src="img/timg.jpg" height="50"align="top"/> 顶对齐 align="top"
        <br>
        <img src="img/timg.jpg" height="50"align="bottom"/> 底对齐 align="bottom"
    </body>
</html>
```

案例 2-9 的显示效果如图 2-12 所示。

图 2-12　图片对齐的显示效果图

注意：在案例 2-9 中，图片的 align 属性并不是设置图片水平对齐方式，而是设置图片与文字的垂直对齐方式。

图片的 align 属性其实是有水平方向上左右对齐方式的，但是不推荐使用，因为其水平对齐方式本质上使用的是浮动效果，会对整个页面的排版带来不好的影响，因此本案例中未演示左右对齐的使用方法，关于浮动的内容在第 10 章中会详细介绍。

2.7.4　图片整体居中

虽然可以通过 align 属性控制图片显示在左边或者右边，但是不能控制图片显示在中间。因此现阶段在没有学习 CSS 的情况下，又该如何调整图片的位置呢？

在这里提前讲解图片的一个特性，即图片属于内联元素，可以等同于文字来处理。那么回忆一下，文字是怎么调整水平对齐方式的呢？

在前面章节中，标题标记中的文字和段落标记中的文字都可以通过 align 属性调整文字的对齐方式。如果把图片等同于文字来看，那么图片是不是也能像文字一样在标题标记和段落标记中实现水平对齐呢？

在案例 2-10 中，将图片放置到 <p> 标记中，并且给 <p> 标记添加 align="center" 属性，下面一起来看看图片是否能够水平居中显示。

案例 2-10 代码如下：

```
<!DOCTYPE html>
<html>
    <head>
        <meta charset="UTF-8">
        <title> 图片整体居中 </title>
    </head>
    <body>
        <h4 align="center"> 图片整体居中 </h4>
        <p align="center">
            <img src="img/timg.jpg"height="150"/>
        </p>
    </body>
</html>
```

案例 2-10 的显示效果如图 2-13 所示。

图 2-13 图片水平居中的显示效果图

HTML 标记可以嵌套，并且相互嵌套的标记的功能能够叠加。在案例 2-10 中，外层 <p> 标记的属性作用在内层 <img> 标记上，让图片具有了居中显示的属性。

需要注意的是，<img> 标记因为是内联元素，可以等同于文字处理，所以才能受到 <p> 标记属性的影响，如果 <img> 标记不是内联元素，则 <p> 标记属性不能让图片居中显示。

2.8 HTML 超链接

超链接是 HTML 中非常重要的一个元素，可以让多个网页相互跳转，让多个独立的网页织成一个网，让 Web 网站的结构变得无比巨大和复杂。

HTML 中使用 <a> 标记来设置超链接，当用户把鼠标指针移动到超链接上时，鼠标会变为一只小手，单击鼠标左键时便可以跳转到对应的网页中。超链接可以是一个字、一个词、一篇文章，也可以是一幅图像。只要在超链接 <a> 标记中的内容，都可以被点击跳转到超链接指定的页面，但是一个 <a> 标记只能跳转到一个特定的页面。如果希望跳转到多个不同的页面，则需要多个 <a> 标记来实现。

超链接共有 4 个不同的状态，分别是：

(1) 未访问过的状态，超链接中文字显示为蓝色。

(2) 鼠标在超链接上悬停时的状态，默认未设置任何样式。

(3) 鼠标点击超链接时的状态，超链接中文字显示为红色。

(4) 超链接被访问过的状态，超链接中文字显示为紫色。

超链接中主要有两个属性，分别用于设置超链接跳转的地址和超链接的打开方式，如表 2-8 所示。

表 2-8 超链接的属性

属 性	值	描 述
href	URL	指定要跳转到的页面的 URL 地址，可以是本项目中的页面，也可以是其他网站上的 URL 地址，默认不填则为当前页面的地址
target	_blank	设置超链接的打开方式，表示在浏览器新标签页中打开目标网页 URL。仅在 href 属性存在时使用，如果不设置，则超链接默认在本标签页打开

超链接的 href 属性值也是 URL，和图片的 src 属性值一样，使用规则也一样。案例 2-11 展示了超链接的使用方法。

案例 2-11 代码如下：

```
<!DOCTYPE html>
<html>
    <head>
        <meta charset="UTF-8">
        <title></title>
    </head>
    <body>
        <a href="other.html"> 在浏览器的同一个标签页中打开 other.html 页面 </a><br>
        <a href="other.html" target="_blank"> 在浏览器中新建一个标签打开 other.html 页面 </a><br>
        <a href="http://www.baidu.com"> 跳转到百度搜索网页，跳转到外部网站时必须添加
http://协议 </a><br>
    </body>
</html>
```

案例 2-11 的显示效果如图 2-14 所示。

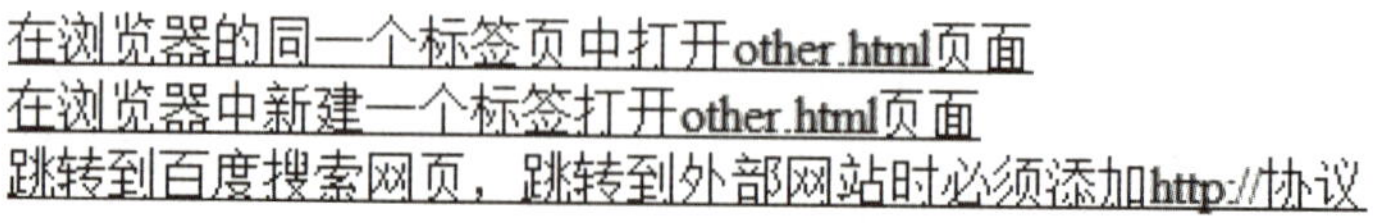
在浏览器的同一个标签页中打开other.html页面
在浏览器中新建一个标签打开other.html页面
跳转到百度搜索网页，跳转到外部网站时必须添加http://协议

图 2-14 超链接的显示效果图

超链接默认带有下画线显示效果，并且超链接跳转的地址只由 href 属性确定，与其内部显示的文字无关。

2.8.1　图片超链接

由于 HTML 标记可以相互嵌套，因此当在 <a> 标记中嵌套图片后，图片就具有了超链接的功能，也就是说点击图片可以实现页面跳转功能。案例 2-12 展示了图片超链接的使用方法。

案例 2-12　代码如下：

```
<!DOCTYPE html>
<html>
    <head>
        <meta charset="UTF-8">
        <title> 图像链接 </title>
    </head>
    <body>
        <a href="http://www.baidu.com" target="_blank">
            <img src="img/timg.jpg" width="200" height="200"/>
        </a>
    </body>
</html>
```

超链接中的内容可以是任意的，只要是超链接中的内容都会带有超链接的功能。

2.8.2　超链接锚点

超链接锚点用于实现类似于电商网站中点击菜单跳转到某一分类产品的功能，可跳转到本页面中的指定位置，就像读书时使用的书签一样，所以又称为书签。

怎么使用超链接锚点呢？设想一下，一个页面上有很多锚点，怎么知道跳转到哪个锚点呢？当没办法确定时，就需要有个能唯一识别的方法，那就是 id 属性。id 属性就像我们的身份证号码一样，需要设置成唯一的，这时就可以知道跳转到哪个锚点了。

使用超链接锚点的步骤如下：

(1) 在要跳转到的位置寻找任意一个标记，并加上 id 属性作为书签，假设 id="abc"。需要注意的是，添加的 id 属性值不能相同，也不能用数字开头，只能包含数字、字母、下画线、中画线等字符。

(2) 在任意位置插入一个 <a> 标记，并且将 <a> 标记的 href 属性值设置为 href="#abc"。当用户点击 <a> 标记时，就会跳转到上一步中 id="abc" 标记的位置。需要注意的是，<a> 标记的 href 属性值前面必须加上 # 前缀，# 代表引用 id 属性值。

案例 2-13 展示了超链接锚点的使用方法。

案例 2-13　代码如下：

```
<!DOCTYPE html>
<html>
```

```
    <head>
        <meta charset="UTF-8">
        <title> 超链接锚点 </title>
    </head>
    <body>
        <hr >
        <h1 id="aaa"> 顶部 </h1>
        <a href="index.html#bbb"> 回到中部 </a>
        <a href="index.html#ccc"> 回到底部 </a>
        <hr >
        往下看↓<br><br><br><br><br><br><br><br><br><br>
        往下看↓<br><br><br><br><br><br><br><br><br><br>
        <hr >
        <h2 id="bbb"> 页面中部 </h2>
        <a href="index.html#aaa"> 回到顶部 </a>
        <a href="index.html#ccc"> 回到底部 </a>
        <hr >
        往下看↓<br><br><br><br><br><br><br><br><br><br>
        往下看↓<br><br><br><br><br><br><br><br><br><br>
        <hr >
        <h3 id="ccc"> 页面底部 </h3>
        <a href="index.html#aaa"> 回到顶部 </a>
        <a href="index.html#bbb"> 回到中部 </a>
        <hr >
    </body>
</html>
```

由于页面较长，此处不展示其显示效果，如需观察效果可复制案例代码到开发软件中运行查看。

在案例 2-13 中，分别使用 id="aaa" 属性、id="bbb" 属性和 id="ccc" 属性定义了 3 个锚点，将页面分为顶部、中部、底部 3 个部分。

为了实现 3 个锚点之间的相互跳转，特意给不同的 <a> 标记设置了 href="index.html#aaa" 属性、href="index.html#bbb" 属性和 href="index.html#ccc" 属性。这 3 个属性分别实现跳转到 id="aaa" 的锚点位置、id="bbb" 的锚点位置和 id="ccc" 的锚点位置。其中，href="index.html#aaa" 中的 "index.html" 是当前页面的文件名，如果换成其他页面文件名，则还可以跳转到其他页面对应的锚点，前提是那个页面也有对应的锚点。

拓展作业

1. 制作如图 2-15 所示的聊天界面。

图 2-15　聊天界面示例图

2. 制作如图 2-16 所示的博客文章网页。要求：

(1) 分割线和图片宽度为 750 像素；

(2) 全部内容居中显示；

(3) 点击底部的文字可以返回顶部标题。

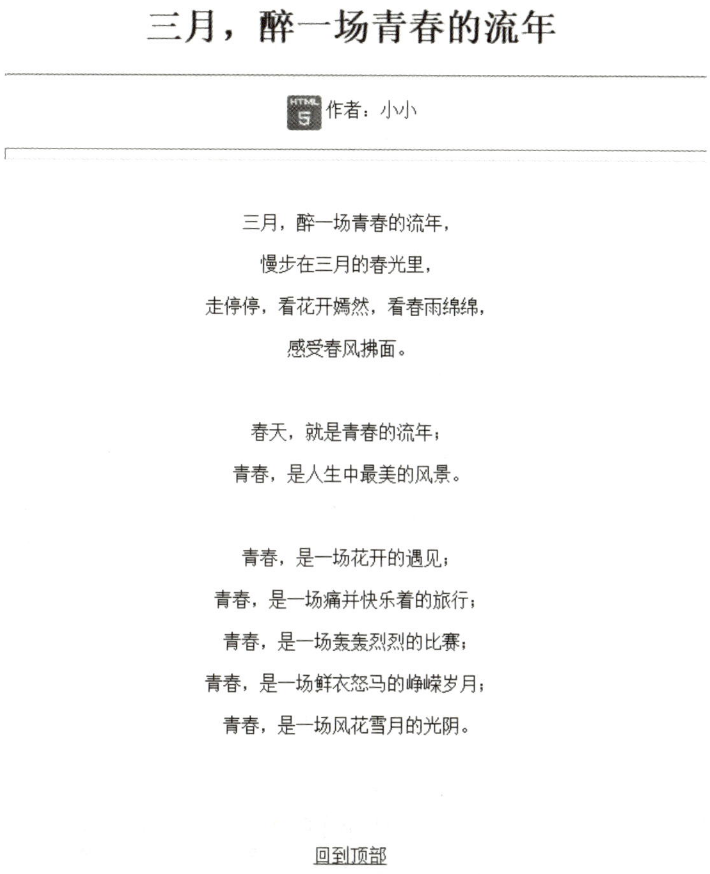

三月，醉一场青春的流年
作者：小小
三月，醉一场青春的流年，
慢步在三月的春光里，
走停停，看花开嫣然，看春雨绵绵，
感受春风拂面。
春天，就是青春的流年；
青春，是人生中最美的风景。
青春，是一场花开的遇见；
青春，是一场痛并快乐着的旅行；
青春，是一场轰轰烈烈的比赛；
青春，是一场鲜衣怒马的峥嵘岁月；
青春，是一场风花雪月的光阴。
回到顶部

图 2-16　博客文章网页示例图

第 3 章　HTML 表格元素

学习目标

1. 掌握 HTML 表格的基本使用。
2. 掌握 HTML 表格排版的技术。
3. 掌握 HTML 整体页面排版的技术。
4. 掌握 HTML 内联框架的使用场景。
5. 掌握 HTML 内联框架的使用方法。

学习内容

3.1　HTML 表格标记

HTML 表格标记用于显示表格，并且可以实现跨行跨列的功能，表格是软件中很常见的一种排版元素，使用 <table> 标记来实现。表 3-1 列举了表格相关的标记。

表 3-1　表格相关的标记

标 记	描　　述
<table>	显示一个表格
<caption>	显示表格的标题，默认在表格的正上方
<thead>	显示表格的头部区域，一般是表头部分
<tbody>	显示表格的中间主体部分，表格的内容部分
<tfoot>	显示表格的底部区域，通常可能不用
<tr>	表示表格的行，表格是由 *n* 行构成的
<th>	表示表格的表头中的单元格，默认字体加粗居中
<td>	表示表格的主体中的单元格，默认字体不加粗靠左

表格由行和列构成，结构如图 3-1 所示。

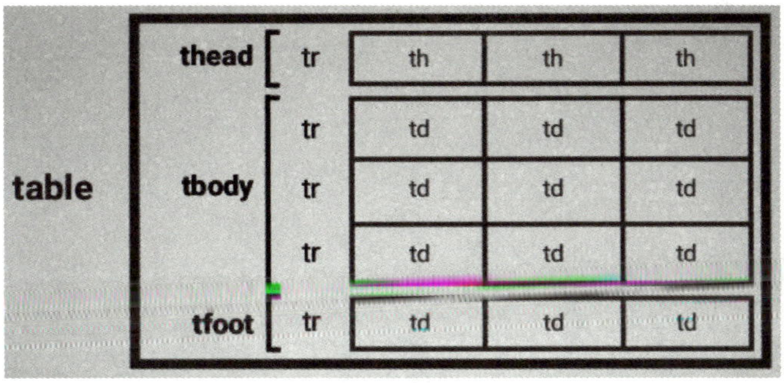

图 3-1　表格的组成结构示意图

案例 3-1 展示了一个 4 行 3 列的表格。

案例 3-1　代码如下：

```
<!DOCTYPE html>
<html>
    <head>
        <meta charset="UTF-8">
        <title> 表格 </title>
    </head>
    <body>
        <table border="1">
            <caption> 表格的标题 </caption>
            <thead>
                <tr>
                    <th> 第 1 行第 1 列 </th>
                    <th> 第 1 行第 2 列 </th>
                    <th> 第 1 行第 3 列 </th>
                </tr>
            </thead>
            <tbody>
                <tr>
                    <td> 第 2 行第 1 列 </td>
                    <td> 第 2 行第 2 列 </td>
                    <td> 第 2 行第 3 列 </td>
                </tr>
                <tr>
                    <td> 第 3 行第 1 列 </td>
                    <td> 第 3 行第 2 列 </td>
                    <td> 第 3 行第 3 列 </td>
```

```
            </tr>
        </tbody>
        <tfoot>
            <tr>
                <td colspan="3"> 表格的底部 </td>
            </tr>
        </tfoot>
    </table>
</body>
</html>
```

案例 3-1 的显示效果如图 3-2 所示。

表格的标题

第1行第1列	**第1行第2列**	**第1行第3列**
第2行第1列	第2行第2列	第2行第3列
第3行第1列	第3行第2列	第3行第3列
表格的底部		

图 3-2　案例 3-1 表格的显示效果图

在案例 3-1 中，使用 <table border="1"> 显示一个表格，并且设置边框为 1 个像素。表格中每一行都对应一个 <tr> 标记，在其内部使用单元格 <th> 和 <td> 标记显示一个单元格。表格中使用 <caption> 标记设置表格的标题，标题默认在表格上方，并且使用 <thead> 标记、<tbody> 标记和 <tfoot> 标记将表格分成了 3 个部分。

表格的第 1 行一般是表格的标题，推荐使用 <th> 标记，<th> 标记默认字体加粗且居中显示。其他行内推荐使用普通单元格 <td> 标记，<td> 标记默认不加粗且左对齐显示。

在案例 3-1 中，<tfoot> 标记中的 <td colspan="3"> 标记，使用 colspan="3" 属性设置当前单元格横向跨越 3 个单元格，实现了横向跨列合并。

需要注意的是，表格是固定 3 层嵌套规则，最外层必须是 <table> 标记，其内部必须使用 <tr> 标记显示行；<tr> 标记中必须使用 <th>、<td> 标记显示单元格。

<table> 标记中的 <caption> 标记、<thead> 标记、<tbody> 标记、<tfoot> 标记是可选的。

3.2　HTML 表格属性

<table> 标记、<tr> 标记、<th> 标记、<td> 标记的属性很多都可以通用，其中跨行跨列属性只能在单元格 <th> 标记、<td> 标记中使用。表 3-2 列出了表格中常用的属性。

表 3-2　表格常用属性

属　性	值	描　　述
align	left/center/right	设置表格对齐方式
border	数字	设置表格单元是否拥有边框
bgcolor	颜色值	设置表格、行、单元格的背景颜色
cellpadding	数字	设置表格中单元格边框与单元格内容的间距 (内间距)
cellspacing	数字	设置表格中单元格与单元格的间距 (外间距)
width	数字/百分比	设置表格宽度
height	数字/百分比	设置表格高度
colspan	数字	设置表格中单元格横向跨越的列数：跨列 Column
rowspan	数字	设置表格中单元格纵向跨越的行数：跨行 Row

案例 3-2 展示了部分表格属性的使用方法。

案例 3-2　代码如下：

```
<!DOCTYPE html>
<html>
    <head>
        <meta charset="UTF-8"/>
        <title> 表格 </title>
    </head>
    <body>
        <table width="100%" align="center">
            <caption> 受理统计系统 </caption>
            <tr height="50" bgcolor="aqua">
                <th> 受理员 </th>
                <th> 受理数 </th>
                <th> 自办数 </th>
                <th> 直接解答 </th>
                <th> 同意 </th>
                <th> 比例 </th>
                <th> 数量 </th>
                <th> 比例 </th>
                <th> 建议件 </th>
                <th> 诉求件 </th>
                <th> 咨询件 </th>
            </tr>
            <tr bgcolor="blueviolet">
                <td> 张三 </td>
                <td>20</td>
```

```
                <td>20</td>
                <td>20</td>
                <td>20</td>
                <td>20</td>
                <td>20</td>
                <td>20</td>
                <td>20</td>
                <td>20</td>
                <td>20</td>
            </tr>
            <tr bgcolor="#c3c3c3">
                <td> 总计 </td>
                <td>20</td>
                <td>20</td>
                <td>20</td>
                <td>20</td>
                <td>20</td>
                <td>20</td>
                <td>20</td>
                <td>20</td>
                <td>20</td>
                <td>20</td>
            </tr>
        </table>
    </body>
</html>
```

案例 3-2 的显示效果如图 3-3 所示。

受理统计系统

受理员	受理数	自办数	直接解答	同意	比例	数量	比例	建议件	诉求件	咨询件
张三	20	20	20	20	20	20	20	20	20	20
总计	20	20	20	20	20	20	20	20	20	20

图 3-3　表格属性的显示效果图

在案例 3-2 中，<table> 标记使用 align="center" 属性设置整个表格在页面居中显示，同时使用 width="100%" 属性设置表格的宽度为页面宽度的 100%，也就是和页面一样宽。百分比单位的特点是会随着页面变化而自动变化，常用于网页的自适应设计。

<tr> 标记使用 bgcolor="#c3c3c3" 属性给表格、行、单元格分别设置背景颜色。

表格的标题使用 <caption> 标记设置，<caption> 标记必须在 <table> 标记内使用，否

则会导致表格的标题和表格分离。表格的每一行中的列都是等宽的，一般只需要给第 1 行的单元格设置宽度即可，后续行中的单元格会保持相同的宽度。

3.3　HTML 表格制作计算器

表格不仅可以实现各种统计表，还可以实现各种页面的排版，案例 3-3 展示了表格制作计算器的方法。案例中只包括界面效果，不包括计算器的计算功能，计算功能需要使用 JavaScript 技术才能实现。

案例 3-3　代码如下：

```
<!DOCTYPE html>
<html>
<head>
        <meta charset="UTF-8">
        <title> 计算器 </title></head>
    <body>
        <table border="5" cellspacing="10" cellpadding="10" align="center" bgcolor="beige">
            <caption> 计算器 </caption>
            <tr>
                <td colspan="4"align="center"bgcolor="bisque"></td>
            </tr>
            <tr>
                <td>C</td>
                <td>%</td>
                <td>/</td>
                <td>*</td>
            </tr>
            <tr>
                <td align="center">7</td>
                <td align="center">8</td>
                <td align="center">9</td>
                <td align="center">+</td>
            </tr>
            <tr>
                <td align="center">4</td>
                <td align="center">5</td>
                <td align="center">6</td>
                <td align="center">-</td>
```

```
            </tr>
            <tr>
                <td align="center">1</td>
                <td align="center">2</td>
                <td align="center">3</td>
                <td align="center" rowspan="2" bgcolor="aquamarine">=</td>
            </tr>
            <tr>
                <td align="center">C</td>
                <td align="center">0</td>
                <td align="center">.</td>
            </tr>
        </table>
    </body>
</html>
```

案例 3-3 的显示效果如图 3-4 所示。

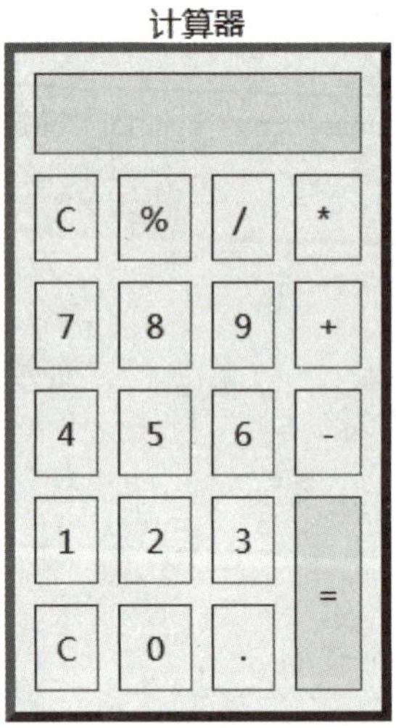

图 3-4　表格制作的计算器的显示效果图

在案例 3-3 中，表格分为 5 行，第 1 行只有一个单元格，横向跨越 4 列。第 5 行的第 4 个单元格纵向跨越 2 行，并且占据了最后一行的最后一个单元格的位置，因此最后一行的最后一个单元格需要被删除，也就是说最后一行实际上只有 3 个单元格。当单元格跨列时，只能将左边的单元格横向往右跨越多列；当单元格跨行时，只能把上面的单元格纵向往下跨越多行。

在设计表格时，比较好的设计方法是从第 1 行开始，一行一行地往下编写代码，直到最后一行。在设计表格过程中一定要记住表格总共有多少列。

3.4　HTML 表格制作统计表格

在开发中经常使用表格统计各种数据，案例 3-4 展示了统计表的制作方法。

案例 3-4　代码如下：

```
<!DOCTYPE html>
<html>
    <head>
        <meta charset="UTF-8"/>
        <title> 统计表格 </title>
    </head>
    <body>
        <table width="100%" border="2" cellspacing="2" cellpadding="2" align="center">
            <tr bgcolor="burlywood">
                <td align="center" colspan="12"> 受理员业务统计表 </td>
            </tr>
            <tr>
                <td align="right" colspan="12">01-02</td>
            </tr>
            <tr bgcolor="#e9faff">
                <th colspan="2" rowspan="2"> 受理员 </th>
                <th width="10%" rowspan="2"> 受理数 </th>
                <th width="10%" rowspan="2"> 自办数 </th>
                <th width="10%" rowspan="2"> 直接解答 </th>
                <th colspan="2"> 拟办意见 </th>
                <th colspan="2"> 返回修改 </th>
                <th colspan="3"> 工单类型 </th>
            </tr>
            <tr>
                <td width="8%"> 同意 </td>
                <td width="8%"> 比例 </td>
                <td width="8%"> 数量 </td>
                <td width="8%"> 比例 </td>
                <td width="8%"> 建议件 </td>
                <td width="8%"> 诉求件 </td>
                <td width="8%"> 咨询件 </td>
            </tr>
```

```
<tr>
    <td rowspan="4" bgcolor="#f2fbfe"> 受理处 </td>
    <td width="50"> 张三 </td>
    <td>10</td>
    <td>10</td>
    <td>10</td>
    <td>10</td>
    <td>10</td>
    <td>10</td>
    <td>10</td>
    <td>10</td>
    <td>10</td>
    <td>10</td>
</tr>
<tr>
    <td> 李四 </td>
    <td>10</td>
    <td>10</td>
    <td>10</td>
    <td>10</td>
    <td>10</td>
    <td>10</td>
    <td>10</td>
    <td>10</td>
    <td>10</td>
    <td>10</td>
</tr>
<tr>
    <td> 王五 </td>
    <td>10</td>
    <td>10</td>
    <td>10</td>
    <td>10</td>
    <td>10</td>
    <td>10</td>
    <td>10</td>
    <td>10</td>
    <td>10</td>
    <td>10</td>
```

```
    </tr>
    <tr>
        <td> 总计 </td>
        <td>30</td>
        <td>30</td>
        <td>30</td>
        <td>30</td>
        <td>30</td>
        <td>30</td>
        <td>30</td>
        <td>30</td>
        <td>30</td>
        <td>30</td>
    </tr>
    <tr>
        <td rowspan="4" bgcolor="#f2fbfe"> 话务组 </td>
        <td> 赵六 </td>
        <td>10</td>
        <td>10</td>
        <td>10</td>
        <td>10</td>
        <td>10</td>
        <td>10</td>
        <td>10</td>
        <td>10</td>
        <td>10</td>
        <td>10</td>
    </tr>
    <tr>
        <td> 钱七 </td>
        <td>10</td>
        <td>10</td>
        <td>10</td>
        <td>10</td>
        <td>10</td>
        <td>10</td>
        <td>10</td>
        <td>10</td>
        <td>10</td>
```

```
        <td>10</td>
    </tr>
    <tr>
        <td> 孙八 </td>
        <td>10</td>
        <td>10</td>
        <td>10</td>
        <td>10</td>
        <td>10</td>
        <td>10</td>
        <td>10</td>
        <td>10</td>
        <td>10</td>
        <td>10</td>
    </tr>
    <tr>
        <td> 李九 </td>
        <td>10</td>
        <td>10</td>
        <td>10</td>
        <td>10</td>
        <td>10</td>
        <td>10</td>
        <td>10</td>
        <td>10</td>
        <td>10</td>
        <td>10</td>
    </tr>

    <tr>
        <td width="40"> 总计 </td>
        <td>40</td>
        <td>40</td>
        <td>40</td>
        <td>40</td>
        <td>40</td>
        <td>40</td>
        <td>40</td>
        <td>40</td>
```

```
                <td>40</td>
                <td>40</td>
            </tr>
        </table>
    </body>
</html>
```

案例 3-4 的显示效果如图 3-5 所示。

受理员业务统计表											
											01-02
受理员		受理数	自办数	直接解答	拟办意见		返回修改		工单类型		
					同意	比例	数量	比例	建议件	诉求件	咨询件
受理处	张三	10	10	10	10	10	10	10	10	10	10
	李四	10	10	10	10	10	10	10	10	10	10
	王五	10	10	10	10	10	10	10	10	10	10
	总计	30	30	30	30	30	30	30	30	30	30
话务组	赵六	10	10	10	10	10	10	10	10	10	10
	钱七	10	10	10	10	10	10	10	10	10	10
	孙八	10	10	10	10	10	10	10	10	10	10
	李九	10	10	10	10	10	10	10	10	10	10
	总计	40	40	40	40	40	40	40	40	40	40

图 3-5　统计表的显示效果图

在案例 3-4 中，最复杂的是第 3 行，其第 1 个单元格横向跨越 2 列的同时纵向跨越 2 行，并且第 2～4 个单元格纵向跨越 2 行，第 5、6 个单元格横向跨越 2 列，第 7 个单元格横向跨越 3 列。单元格内容为“同意”和“比例”的这一行，其实属于第 4 行，只是前 5 个单元格被第 3 行的单元格占据了，因此被挤压到第 3 行的后面显示。

表格除了可以制作统计表之外，还可以用于页面的排版，在 HTML5 版本之前基本上都是使用表格排版页面，HTML5 版本之后，基本上都是使用 DIV + CSS 的方式设计页面。

3.5　HTML 制作导航栏

在使用表格排版页面之前，先来了解一下表格宽度 100% 的问题。如果把整个表格看作一个整体，那么所有单元格的宽度总和应该等于 100%，无论表格的宽度是多少都是一样的，所以单元格的宽度永远是相对于表格而言的。

如果给部分单元格设置宽度，并且所有单元格的宽度总和小于 100%，那么剩下的单元格会平均分摊剩下的空间。案例 3-5 展示了使用表格实现导航菜单的排版效果。

案例 3-5　代码如下：

```
<!DOCTYPE html>
<html>
    <head>
        <meta charset="UTF-8">
        <title> 导航栏 </title>
    </head>
    <body>
        <table cellspacing="0" width="100%">
            <tr align="center" height="20" bgcolor="coral">
                <td width="16%">
                    <h3> 超新星 </h3>
                </td>
                <td></td>
                <td width="8%">
                    <a href=""> 首页 </a>
                </td>
                <td width="8%">
                    <a href=""> 发现 </a>
                </td>
                <td width="8%">
                    <a href=""> 职位 </a>
                </td>
                <td width="8%">
                    <a href=""> 活动 </a>
                </td>
                <td width="8%">
                    <a href=""> 素材 </a>
                </td>
                <td width="8%">
                    <a href=""> 课程 </a>
                </td>
                <td width="8%">
                    <a href=""> 更多 </a>
                </td>
                <td></td>
                <td width="8%">
                    <a href=""> 搜索 </a>
                </td>
                <td width="8%">
```

```
                <a href=""> 我的 </a>
            </td>
        </tr>
    </body>
</html>
```

案例 3-5 的显示效果如图 3-6 所示。

图 3-6　表格制作菜单的显示效果图

在案例 3-5 中，第 1 个单元格宽度为 16%，最后两个单元格宽度加起来也是 16%，保证左右两端等宽。中间 7 个超链接文字宽度各占 8%，总共宽度占 56%。剩下 12% 的宽度平均分配给第 2 个单元格和倒数第 3 个单元格，形成等宽的两端空白区域。所有单元格的宽度加起来必须是 100%。

<table> 标记中的 cellspacing="0" 属性用于取消表格默认单元格的间距，如果不设置为 0，则表格的宽度总和将超出 100%。

3.6　HTML 实现图文排版

如果涉及图文排版，则图片总是以图片原本的尺寸大小显示。如果想让图片自动适应上级元素的宽高，则需要给图片添加 width="100%" 属性。

给图片添加 width="100%" 后，图片的宽度和单元格的宽度一样，所有图片 width="100%" 也是相对于上一级的元素来说的，这里的 "100%" 属于相对大小单位。案例 3-6 展示了图文排版时图片宽度的设置方法。

案例 3-6　代码如下：

```
<table border="0"cellspacing="0"cellpadding="5"width="100%"align="center">
    <caption><h2> 图文排版 </h2></caption>
    <tr align="center">
        <td width="16%" colspan="3">
            <img src="img/1-1.jpg" width="100%"/>
        </td>

        <td width="16%" colspan="3">
            <img src="img/1-2.jpg" width="100%"/>
        </td>
        <td width="16%" colspan="3">
            <img src="img/1-3.jpg" width="100%"/>
```

```
        </td>
        <td width="16%" colspan="3">
            <img src="img/1-4.jpg" width="100%"/>
        </td>
        <td width="16%" colspan="3">
            <img src="img/1-5.jpg" width="100%"/>
        </td>
    </tr>
    <tr align="center">
        <td width="16%"colspan="3">
            走进软件开发
        </td>
        <td width="16%" colspan="3">
            努力学习
        </td>
        <td width="16%" colspan="3">
            自我管理
        </td>
        <td width="16%" colspan="3">
            学而时习之
        </td>
        <td width="16%" colspan="3">
            勤奋好学
        </td>
    </tr>
    <tr align="center">
        <td>
            <img src="img/189-eye.png" height="15"/>123
        </td>
        <td>
            <img src="img/188-target.png" height="15"/>456
        </td>
        <td>
            <img src="img/184-bar-chart.png" height="15"/>789
        </td>
        <td>
            <img src="img/189-eye.png" height="15"/>123
        </td>
        <td>
```

```
            <img src="img/188-target.png" height="15"/>456
        </td>
        <td>
            <img src="img/184-bar-chart.png" height="15"/>789
        </td>
        <td>
            <img src="img/189-eye.png" height="15"/>123
        </td>
        <td>
            <img src="img/188-target.png" height="15"/>456
        </td>
        <td>
            <img src="img/184-bar-chart.png" height="15"/>789
        </td>
        <td>
            <img src="img/189-eye.png" height="15"/>123
        </td>
        <td>
            <img src="img/188-target.png" height="15"/>456
        </td>
        <td>
            <img src="img/184-bar-chart.png" height="15"/>789
        </td>
        <td>
            <img src="img/189-eye.png" height="15"/>123
        </td>
        <td>
            <img src="img/188-target.png" height="15"/>456
        </td>
        <td>
            <img src="img/184-bar-chart.png" height="15"/>789
        </td>
    </tr>
    <tr height="40"></tr>
    <tr align="center">
        <td width="16%" colspan="3">
            <img src="img/2-1.jpg" width="100%"/>
        </td>
```

```
        <td width="16%" colspan="3">
            <img src="img/2-2.jpg" width="100%"/>

        </td>
        <td width="16%" colspan="3">
            <img src="img/2-3.jpg" width="100%"/>
        </td>
        <td width="16%" colspan="3">
            <img src="img/2-4.jpg" width="100%"/>
        </td>
        <td width="16%" colspan="3">
            <img src="img/2-5.jpg" width="100%"/>
        </td>
    </tr>
    <tr align="center">
        <td width="16%" colspan="3">
            学习方法很重要
        </td>
        <td width="16%" colspan="3">
            展望未来
        </td>
        <td width="16%" colspan="3">
            一身好武功
        </td>
        <td width="16%" colspan="3">
            悬梁刺股
        </td>
        <td width="16%" colspan="3">
            心动不如行动
        </td>
    </tr>
    <tr align="center">
        <td>
            <img src="img/189-eye.png" height="15"/>123
        </td>
        <td>
```

```
        <img src="img/188-target.png" height="15"/>456
    </td>
    <td>
        <img src="img/184-bar-chart.png" height="15"/>789
    </td>
    <td>
        <img src="img/189-eye.png" height="15"/>123
    </td>
    <td>
        <img src="img/188-target.png" height="15"/>456
    </td>
    <td>
        <img src="img/184-bar-chart.png" height="15"/>789
    </td>
    <td>
        <img src="img/189-eye.png" height="15"/>123
    </td>
    <td>
        <img src="img/188-target.png" height="15"/>456
    </td>
    <td>
        <img src="img/184-bar-chart.png" height="15"/>789
    </td>
    <td>
        <img src="img/189-eye.png" height="15"/>123
    </td>
    <td>
        <img src="img/188-target.png" height="15"/>456
    </td>
    <td>
        <img src="img/184-bar-chart.png" height="15"/>789
    </td>
    <td>
        <img src="img/189-eye.png" height="15"/>123
    </td>
    <td>
        <img src="img/188-target.png" height="15"/>456
    </td>
```

```
        <td>
            <img src="img/184-bar-chart.png" height="15"/>789
        </td>
    </tr>
</table>
```

案例 3-6 的显示效果如图 3-7 所示。

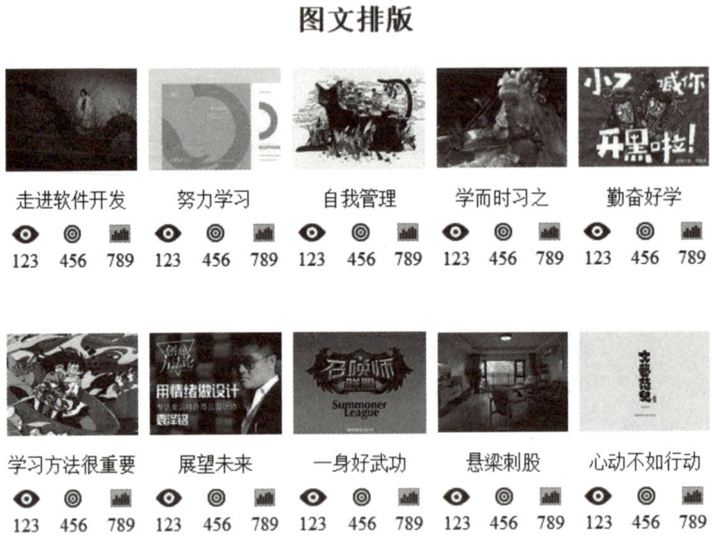

图 3-7 图文排版的显示效果图

在案例 3-6 中，每一张图片的尺寸是不一样的，为了让所有图片显示的宽度相同，必须先设置每一个 <td> 的宽度为 20%，然后给 <img> 标记设置宽度为 100%，保证图片的宽度和单元格一样。在单元格和图片双重宽度的约束下，图片就能够随着页面宽度的变化而变化。

拓展作业

1. 实现如图 3-8 所示的课程表。

课程表

	星期一	星期二	星期三	星期四	星期五	星期六	星期日
上午	PHP	PHP	PHP	PHP	PHP	自习	
	JAVA	JAVA	JAVA	JAVA	JAVA	自习	
	UI	UI	UI	UI	UI	自习	
下午	PHP	PHP	PHP	PHP	PHP	自习	
	JAVA	JAVA	JAVA	JAVA	JAVA	自习	
	UI	UI	UI	UI	UI	自习	
	Android	Android	Android	Android	Android	自习	

图 3-8 课程表示例图

2. 制作如图 3-9 所示的方块导航器。

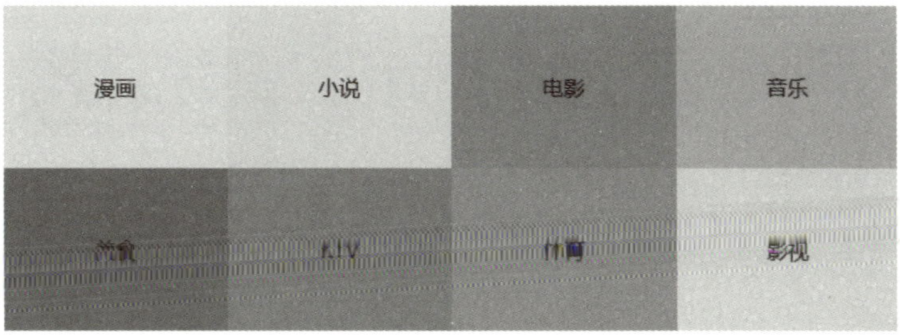

图 3-9　方块导航器示例图

3. 使用 table 实现如图 3-10 所示的企业网站主页。

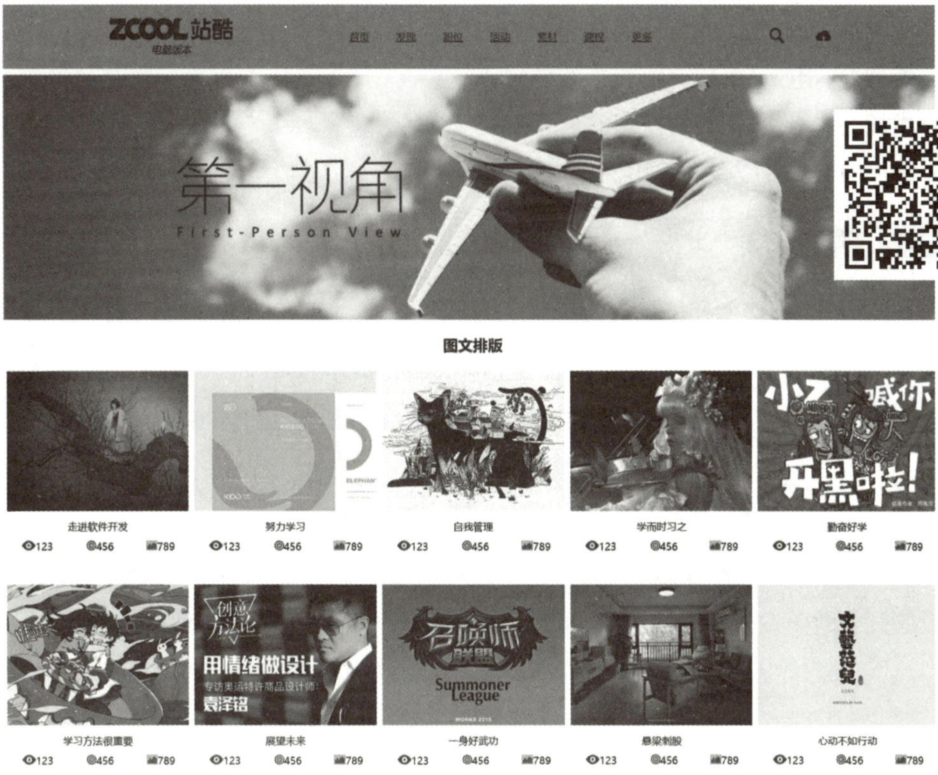

图 3-10　企业网站主页示例图

第 4 章　HTML 布局元素

学习目标

1. 掌握 HTML 列表的用法。
2. 掌握 HTML 区块原色和内联元素的特征。
3. 掌握 HTML 表单和表单元素的使用。
4. 掌握 HTML 音视频的使用。
5. 掌握 HTML5 缓存的使用。

学习内容

4.1　HTML 列表标记

HTML 的列表有无序列表、有序列表和自定义列表 3 种，其中无序列表最常用。

4.1.1　无序列表

无序列表就是没有序列的列表，使用 <ul> 标记和 <li> 标记来实现，如表 4-1 所示。

表 4-1　无序列表的标记

标 记	描　述
<ul>	无序列表
<li>	无序列表中的列表项

无序列表有 3 种样式，样式使用 type 属性设置，如表 4-2 所示。

表 4-2　无序列表的样式

属 性	描　述
type="circle"	空心圆
type="disc"	实心圆
type="square"	实心方块

案例 4-1 展示了无序列表 3 种样式的使用方法。

案例 4-1　代码如下：

```
<!DOCTYPE html>
<html>
    <head>
        <meta charset="UTF-8">
        <title> 无序列表 </title>
    </head>
    <body>
        <p> 无序列表实心圆类型 ( 默认:type="disc")</p>
        <ul>
            <li>PHP</li>
            <li>HTML</li>
        </ul>
        <p> 无序列表空心圆类型 (type="circle")</p>
        <ul type="circle">
            <li>PHP</li>
            <li>HTML</li>
        </ul>
        <p> 无序列表实心方块类型 (type="square")</p>
        <ul type="square">
            <li>PHP</li>
            <li>HTML</li>
        </ul>
    </body>
</html>
```

案例 4-1 的显示效果如图 4-1 所示。

无序列表实心圆类型（默认:type="disc"）

- PHP
- HTML

无序列表空心圆类型（type="circle"）

- PHP
- HTML

无序列表实心方块类型（type="square"）

- PHP
- HTML

图 4-1　无序列表 3 种样式的显示效果图

每一个 <ul> 标记代表一个无序列表，<ul> 标记中可以有任意多个 <li> 标记，每个

<li> 标记代表一个列表项。

如果在 <ul> 标记中使用 type 属性，那么能够同时设置整个无序列表中所有列表项的样式。如果在某个 <li> 标记中使用 type 属性，那么只能单独设置这一个列表项的样式。

4.1.2　有序列表

有序列表就是有序号的列表，使用 <ol> 标记和 <li> 标记来实现，如表 4-3 所示。

表 4-3　有序列表的标记

标 记	描　述
<ol>	有序列表
<li>	有序列表中的列表项

有序列表有 5 种样式，样式使用 type 属性设置，如表 4-4 所示。

表 4-4　有序列表的样式

属 性	描　述
type="1"	数字类型序号
type="a"	小写字母类型序号
type="A"	大写字母类型序号
type="i"	小写罗马类型序号
type="I"	大写罗马类型序号

案例 4-2 展示了有序列表 5 种样式的使用方法。

案例 4-2　代码如下：

```
<!DOCTYPE html>
<html>
    <head>
        <meta charset="UTF-8"/>
        <title> 有序列表 </title>
    </head>
    <body>
        <p> 数字类型序号 ( 默认 :type="1")</p>
        <ol type="1">
            <li>PHP</li>
            <li>HTML</li>
        </ol>
        <p> 小写字母类型序号 ( 默认 :type="a")</p>
        <ol type="a">
            <li>PHP</li>
            <li>HTML</li>
        </ol>
```

```
        <p> 大写字母类型序号 ( 默认 :type="A")</p>
        <ol type="A">
            <li>PHP</li>
            <li>HTML</li>
        </ol>
        <p> 小写罗马类型序号 ( 默认 :type="i")</p>
        <ol type="i">
            <li>PHP</li>
            <li>HTML</li>
        </ol>
        <p> 大写罗马类型序号 ( 默认 :type="I")</p>
        <ol type="I">
            <li>PHP</li>
            <li>HTML</li>
        </ol>
    </body>
</html>
```

案例 4-2 的显示效果如图 4-2 所示。

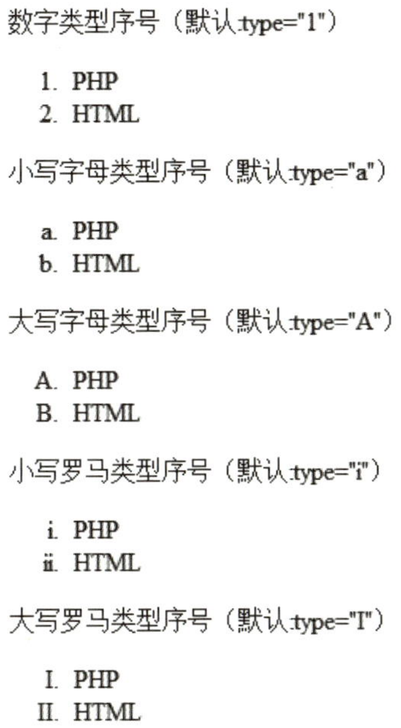

图 4-2　有序列表 5 种样式的显示效果图

每一个 <ol> 标记代表一个有序列表，<ol> 标记中可以有任意多个 <li> 标记，每个 <li> 标记代表一个列表项。

如果在 <ol> 标记中使用 type 属性，那么能够同时设置整个有序列表中所有列表项的样式。如果在某个 <li> 标记中使用 type 属性，那么只能单独设置这一个列表项的样式。

4.1.3 自定义列表

自定义列表没有序号，也没有标记，分为标题和内容两个部分，使用 <dl> 标记、<dt> 标记和 <dd> 标记来实现，如表 4-5 所示。

表 4-5 自定义列表的标记

标 记	描 述
<dl>	自定义列表
<dt>	自定义列表的标题项
<dd>	自定义列表的内容项

自定义列表没有样式，因此也没有 type 属性。案例 4-3 展示了自定义列表的使用方法。

案例 4-3 代码如下：

```
<!DOCTYPE html>
<html>
    <head>
        <meta charset="UTF-8"/>
        <title> 自定义列表 </title>
    </head>
    <body>
        <dl>
            <dt> 自定义列表标题 1</dt>
            <dd> 自定义列表选项 1</dd>
            <dd> 自定义列表选项 2</dd>
            <dt> 自定义列表标题 2</dt>
            <dd> 自定义列表选项 1</dd>
            <dd> 自定义列表选项 2</dd>
        </dl>
    </body>
</html>
```

案例 4-3 的显示效果如图 4-3 所示。

自定义列表标题1
　　自定义列表选项1
　　自定义列表选项2
自定义列表标题2
　　自定义列表选项1
　　自定义列表选项2

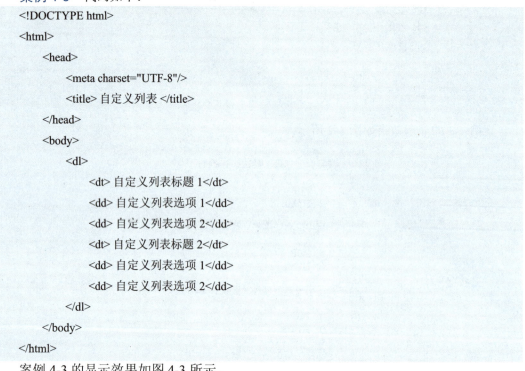

图 4-3 自定义列表的显示效果图

每一个 <dl> 标记代表一个自定义列表，<dl> 标记中可以有任意多个 <dt> 标记和 <dd> 标记，每个 <dt> 标记代表一个标题项，每个 <dd> 标记代表一个内容项。

4.1.4　列表嵌套

任何双标记都可以嵌套别的标记，列表标记也是双标记，因此也可以相互嵌套。但是列表标记在嵌套时必须保持每个列表的两层完整结构，嵌套的内容必须放在 <li> 标记、<dt> 标记和 <dd> 标记中，而不能直接放在 <ul> 标记、<ol> 标记和 <dl> 标记中。

案例 4-4 展示了 3 种列表相互嵌套的使用方法。

案例 4-4　代码如下：

```
<!DOCTYPE html>
<html>
    <head>
        <meta charset="UTF-8"/>
        <title> 列表嵌套 </title>
    </head>
    <body>
        <dl>
            <dt>HTML 列表 </dt>
            <dd> 知识点梳理 </dd>
            <dd>
                <ol>
                    <li>
                        无序列表，通过 type 属性设置类型
                        <ul type="circle">
                            <li> 空心圆 circle</li>
                        </ul>
                        <ul type="disc">
                            <li> 实心圆 disc</li>
                        </ul>
                        <ul type="square">
                            <li> 实心方块 square</li>
                        </ul>
                    </li>
                    <li>
                        有序列表，也可以单独设置每一个列表项的类型
                        <ol type="1">
                            <li> 数字：1</li>
                            <li type="a"> 小写字母 a：a</li>
                            <li type="A"> 大写字母 a：A</li>
                            <li type="i"> 小写字母 a：i</li>
                            <li type="I"> 大写字母 a：I</li>
```

```
                    </ol>
                </li>
                <li>
                    自定义列表
                    <dl>
                        <dt> 自定义列表标题 </dt>
                        <dd> 自定义列表选项 </dd>
                    </dl>
                </li>
            </ol>
        </dd>
    </dl>
  </body>
</html>
```

案例 4-4 的显示效果如图 4-4 所示。

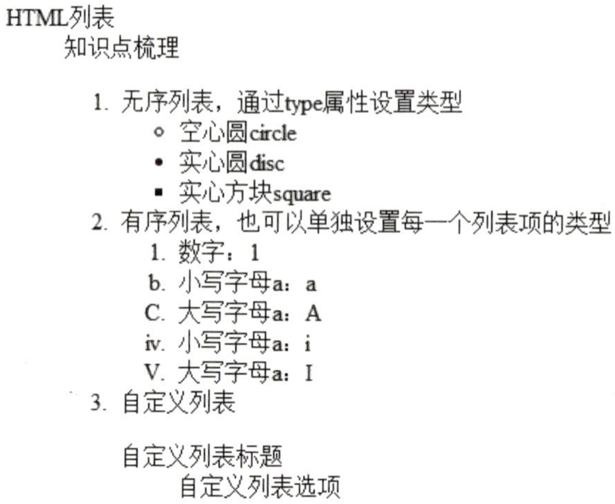

图 4-4　3 种列表嵌套使用的显示效果图

在案例 4-4 中，自定义列表中嵌套了无序列表，无序列表又嵌套了无序列表、有序列表和自定义列表，实现了 3 层列表的相互嵌套使用。

4.2　HTML 区块内联元素

根据显示的特征，可以把 HTML 所有元素划分为内联元素和区块元素两种。表 4-6 是内联元素和区块元素的特征对照。

表 4-6　内联元素和区块元素的特征对照表

属性	内联元素	区块元素
宽度	宽度为标记内容的宽度	宽度和上级元素的宽度一样
高度	高度为标记内容的高度	高度为标记内容的高度
显示	多个内联元素会显示在同一行	多个区块元素会换行显示
控制	宽度、高度、间距设置无效	宽度、高度、间距设置有效
举例	<span>、<b>、<img>、<a>	<div>、<table>、<ul>、<li>

根据表 4-6 的信息统计得出的结论如下：

(1) 同属于内联元素的多个元素会显示在同一行，只有当一行显示不完时才会自动换行。

(2) 任何时候，只要出现一个区块元素，该区块元素一定会独占一行，其前后的一个元素都会被影响。

案例 4-5 展示了区块元素和内联元素的使用方法。

案例 4-5　代码如下：

```
<!DOCTYPE html>
<html>
    <head>
        <meta charset="UTF-8"/>
        <title> 区块元素 </title>
    </head>
    <body>
        <p>p 元素是区块元素，此处会独占一行 ( 块 )</p>
        <span> 内联元素 span</span>
        <i> 内联元素 i</i>
        <b> 内联元素 b</b>
        <ins> 内联元素 ins</ins>
        <div> 中间穿插一个区块元素 div，会立即换行显示，div 独占一行 ( 块 )</div>
        <small> 内联元素 small</small>
        <del> 内联元素 del</del>
    </body>
</html>
```

案例 4-5 的显示效果如图 4-5 所示。

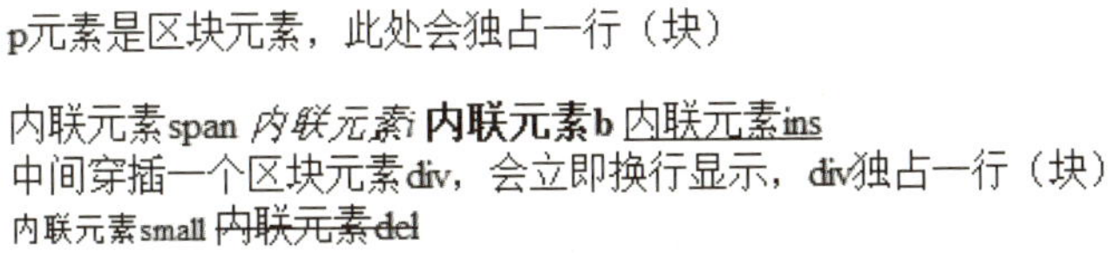
p元素是区块元素，此处会独占一行（块）
内联元素span 内联元素i 内联元素b 内联元素ins
中间穿插一个区块元素div，会立即换行显示，div独占一行（块）
内联元素small 内联元素del

图 4-5　区块元素和内联元素的显示效果图

如果在多个内联元素中间出现一个区块元素，由于区块元素独占一行的特征，这些内联元素将会被截断，一部分显示在该区块元素上面，另一部分显示在该区块元素下面。区块元素和内联元素的特征在 CSS 阶段具有非常重要的作用，因此需熟记，并且会区分区块元素和内联元素。

对于区块元素和内联元素，HTML 中有两个非常特殊的标记与之对应，与区块元素对应的是 <div> 标记，与内联元素对应的是 <span> 标记，这两个标记是最典型的区块元素和内联元素的代表。在开发中较常用的就是这两个标记，因为这两个标记不自带其他任何样式，方便用户开发时自定义添加样式。

4.3 HTML 表单标记

表单用于收集不同类型的用户输入，并且把收集到的数据提交到后端服务器上，最典型的案例就是登录、注册。表单收集到用户输入的用户名和密码后，将用户名和密码提交到服务器上，服务器验证通过后会告诉用户登录成功。

表单中有多种标记，而且都是用来收集用户输入的数据，因此又称为输入元素。常用的表单元素主要有文本框 (单行输入)、文本域 (多行输入)、下拉列表 (下拉框)、单选框 (从多个选项中选一个) 和复选框 (从多个选项中选多个)。

表 4-7 是 HTML 表单元素中的常用标记。

表 4-7 表单元素的常用标记

标　记	描　　述
<form>	表单元素的容器
<input id="" type="">	文本框 (单行输入)
<textarea>	文本域 (多行输入)
<select>	定义了下拉选项列表
<optgroup label="">	定义选项组
<option>	定义下拉列表中的选项
<button>	定义一个点击按钮
<label for="id">	输入元素的标题，与其他元素配合使用

<label> 标记中的 for 属性与其他输入标记的 id 属性可以关联使用，实现的效果就是单击 <label> 标记的文字时，可以自动关联到对应的输入元素上。

除了上述元素外，还有其他元素，如 <fieldset> 标记、<legend> 标记、<datalist> 标记等。由于这些元素不常使用，因此不展开讲解。

案例 4-6 展示了表单元素的使用方法。

案例 4-6 代码如下：

```
<!DOCTYPE html>
<html>
    <head>
        <meta charset="UTF-8">
```

```
        <title> 表单元素 </title>
    </head>
    <body>
        <form>
            <label for="name"> 姓名:</label>
            <input type="text" id="name" size="30" placeholder="请输入姓名">
            <br>
            <label for="email"> 邮箱:</label>
            <input type="email" id="email" size="30" placeholder="请输入邮箱">
            <br>
            <label> 性别:</label>
            <input type="radio" id="male" name="sex">
            <label for="male"> 男 </label>
            <input type="radio" id="female" name="sex" checked="checked">
            <label for="female"> 女 </label>
            <br>
            <label> 爱好:</label>
            <input type="checkbox" id="vehicle1" name="vehicle">
            <label for="vehicle1"> 唱歌 </label>
            <input type="checkbox"id="vehicle2"name="vehicle"checked="checked">
            <label for="vehicle2"> 跳舞 </label>
            <br>
            <label> 课程:</label>
            <select>
                <option> 请选择课程 </option>
                <optgroup label="前端">
                    <option>css</option>
                    <option>js</option>
                    <option selected="selected">html</option>
                </optgroup>
                <optgroup label="后端">
                    <option>php</option>
                    <option>java</option>
                </optgroup>
            </select>
            <br>
            <button type="submit"> 提交 </button>
        </form>
    </body>
</html>
```

案例 4-6 的显示效果如图 4-6 所示。

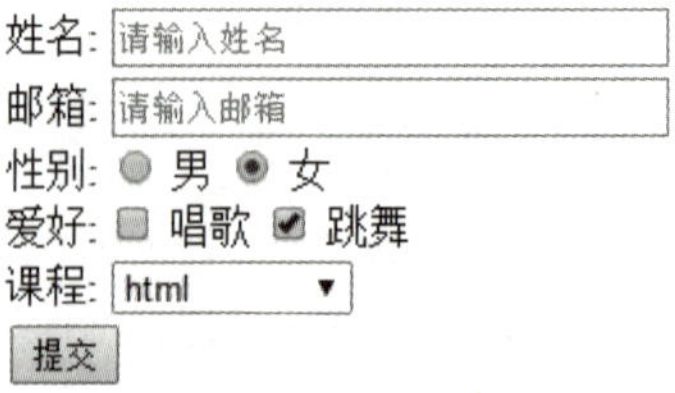

图 4-6　表单元素的显示效果图

在案例 4-6 中，placeholder="请输入姓名" 属性为占位符，是输入元素在未输入状态时默认显示的提示文字。type="text" 属性用于设置 <input> 标记的类型。

<input> 标记是使用最频繁且类型最多的一个输入元素。表 4-8 列举了 <input> 标记 type 属性常用的类型。

表 4-8　input 元素的常用类型

值	描　述
text	默认，单行输入框
radio	单选框
button	可单击的按钮
checkbox	复选框
number	数字输入框，不能输入其他字符，但是可以输入“e”，表示指数
password	密码字段，字段中的字符会被变成点点
email	电子邮件输入框
color	颜色选择器
date	日期选择器
datetime-local	时间日期选择器
month	月份选择器
week	星期选择器
time	时间选择器
file	上传文件的选择框
hidden	隐藏不可见的输入框
reset	重置按钮，会将所有表单字段重置为初始值
submit	提交按钮，向服务器发送数据，并且将数据发送到对应的服务器上

案例 4-7 是表单元素的使用案例，展示了不同 <input> 类型的显示效果。

案例 4-7　代码如下：

```
<!DOCTYPE html>
<html>
    <head>
        <meta charset="UTF-8">
```

```
        <title>input 输入元素 type 属性值 </title>
    </head>
    <body>
        <form>
            文字输入 <input type="text"/><br>
            电话号码 <input type="tel"/><br>
            数字类型 <input type="number"/><br>
            搜索类型 <input type="search"/><br>
            密码类型 <input type="password"/><br>
            电子邮箱 <input type="email"/><br>
            星期选择器 <input type="week"/><br>
            月份选择器 <input type="month"/><br>
            日期选择器 <input type="date"/><br>
            时间日期选择器 <input type="datetime-local"/><br>
            颜色选择器 <input type="color"/><br>
            文件上传 <input type="file"/><br>
            普通按钮 <input type="button"value="按钮"/><br>
            提交按钮 <input type="button"value="提交"/><br>
            单选框 <input type="radio"/><br>
            复选框 <input type="checkbox"/><br>
        </form>
    </body>
</html>
```

案例 4-7 的显示效果如图 4-7 所示。

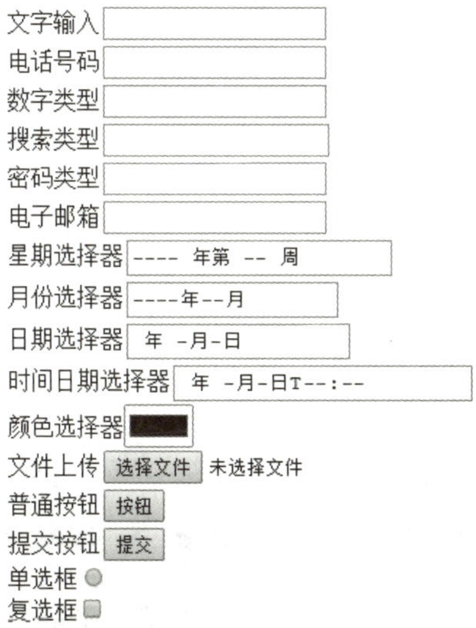

图 4-7　input 元素的不同类型的显示效果图

在案例 4-7 中，文字没有使用 <label> 标记嵌套，是为了让代码更加简洁，在开发中建议加上 <label> 标记，方便后期扩展。

下面总结了一些表单元素的使用技巧。

(1) <input> 标记和 <lable> 标记经常搭配使用，搭配方法是让 <lable> 标记的 for 属性和 <input> 标记的 id 属性相同。例如：

<input> 标记和 <label> 标记的示例如下：

```
    <label for="i"> 用户名：</label>
    <input id="i"/>
```

(2) 单选框和复选框在使用时必须添加 name 属性，相同 name 属性的多个元素自动分为一组。如果有多个组，则多个组的 name 属性不能相同。

单选框的示例如下：

```
<input type="radio" name="a"/> 选项 1
<input type="radio" name="a"/> 选项 2
<input type="radio" name="a"/> 选项 3
<input type="radio" name="a"/> 选项 4
```

多选框的示例如下：

```
<input type="checkbox" name="b"/> 选项 1
<input type="checkbox" name="b"/> 选项 2
<input type="checkbox" name="b"/> 选项 3
<input type="checkbox" name="b"/> 选项 4
```

(3) 下拉框选择需要使用 3 层标记嵌套来实现，其中 <optgroup> 用于给多个选项分组。例如：

```
    <select>
        <optgroup label="贵州的">
            <option> 贵阳 </option>
            <option> 遵义 </option>
        </optgroup>
        <optgroup label="四川的">
            <option> 汶川 </option>
            <option> 成都 </option>
        </optgroup>
</select>
```

4.4 HTML 音视频

HTML 中的音视频标记是在 HTML 第 5 版本中新增的，因此在较低版本的浏览器中不一定支持，常用的标记有 4 个，如表 4-9 所示。

表 4-9　音视频标记

标　记	案　　例
<embed>	用于播放插件、音频和视频 <embed height="" width="" src="mv.mp3"></embed >
<object>	用于播放插件、音频和视频 <object height="" width="" data="mv.mp3"></object>
<audio>	用于播放音频，并且可以指定不同格式的音频 <audio controls autoplay> <source src="mv.mp3" type="audio/mpeg"> <source src="mv.ogg" type="audio/ogg"> </audio>
<video>	用于播放视频，并且可以指定不同格式的视频 <video width="" height="" controls autoplay> <source src="mv.mp4" type="video/mp4"> <source src="mv.ogg" type="video/ogg"> </video>

不同浏览器的兼容性不同，为了兼容更多浏览器，可以同时使用 4 种音视频标记，浏览器会按照代码的先后顺序依次使用每一个标记，直到遇到第一个支持的标记。

案例 4-8 展示了音视频的使用方法。

案例 4-8　代码如下：

```
<!DOCTYPE html>
<html>
    <head>
        <meta charset="UTF-8">
        <title> 音视频播放 </title>
    </head>
    <body>
        <p> 视频音频的方法，需要添加 controls="controls" 显示工具栏 </p>
        <audio controls="controls">
            <source src="med1.mp3" type="audio/mp3"></source>
            <source src="med1.ogg" type="audio/ogg"></source>
            当前浏览器不支持 audio
        </audio>
        <p> 视频播放的方法，需要添加 controls="controls" 显示工具栏 </p>
        <video controls="controls">
            <source src="med2.mp4" type="audio/mp3"></source>
            <source src="med2.ogg" type="audio/ogg"></source>
            <object type="application/x-shockwave-flash" data="med2.swf">
```

```
                <param name="movie" value="med1.swf"/>
                <param name="flashvars" value="autostart=true&amp;file=med2.swf"/>
            </object>
            当前浏览器不支持 video 直接播放
        </video>
    </body>
</html>
```

案例 4-8 的显示效果如图 4-8 所示。

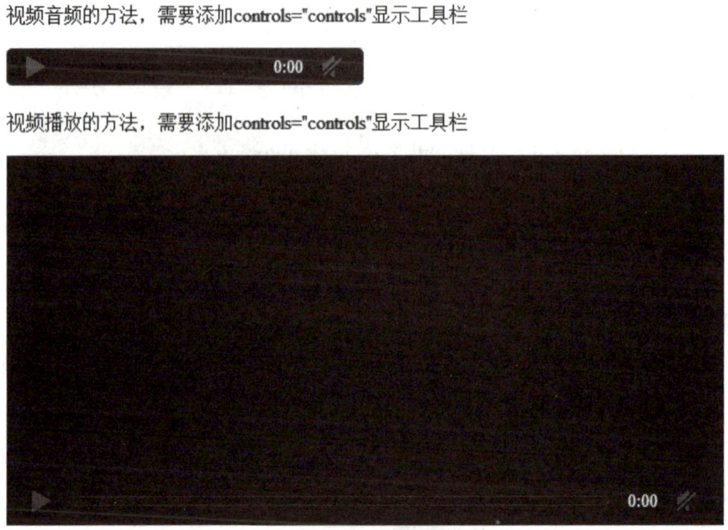

图 4-8　音视频播放的显示效果图

在 <audio> 和 <video> 中使用 <source> 标记时，可以设置任意多个不同格式的音视频源文件，浏览器会自动按照代码的先后顺序查找每一个音视频文件，直到找到第一个能够播放的音视频为止。如果全部音视频文件都不支持或者找不到，就会显示“当前浏览器不支持…”的文字提示。

拓展作业

1. 实现如图 4-9 所示的登录页面 (提示：用表格)。

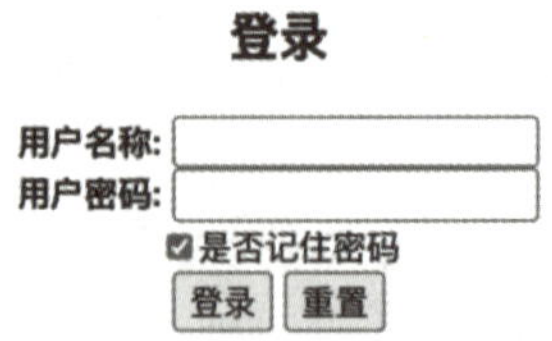

图 4-9　登录页面示例图

2. 实现如图 4-10 所示的注册页面 (提示：用表格)。

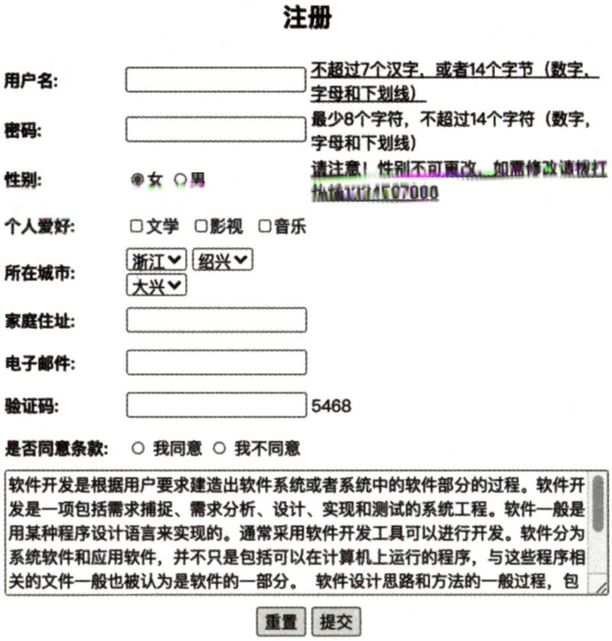
注册
用户名:
不超过7个汉字，或者14个字节（数字，字母和下划线）
密码:
最少8个字符，不超过14个字符（数字，字母和下划线）
性别:
女 男
个人爱好:
文学 影视 音乐
所在城市:
浙江 绍兴
大兴
家庭住址:
电子邮件:
验证码:
5468
是否同意条款:
我同意 我不同意
软件开发是根据用户要求建造出软件系统或者系统中的软件部分的过程。软件开发是一项包括需求捕捉、需求分析、设计、实现和测试的系统工程。软件一般是用某种程序设计语言来实现的。通常采用软件开发工具可以进行开发。软件分为系统软件和应用软件，并不只是包括可以在计算机上运行的程序，与这些程序相关的文件一般也被认为是软件的一部分。 软件设计思路和方法的一般过程，包
重置
提交

图 4-10　注册页面示例图

第 5 章　CSS 基础属性

学习目标

1. 了解 CSS 的概念。
2. 掌握 CSS 的基本使用方法。
3. 掌握 CSS 样式创建和引入的方法。
4. 掌握 CSS 背景的使用。

学习内容

5.1　CSS 简介

CSS 用于设置 HTML 标记样式，因此 CSS 独立存在没有任何意义，一般都是配合 HTML 一起实现网页特效。CSS 代码又称样式表，其样式可以叠加也可以重复，重复的样式由优先级决定是否有效。

CSS 的语法如下：

```
选择器 {属性名 1 : 属性值 1; 属性名 2 : 属性值 2;}
```

选择器的作用是选择需要设置样式的 HTML 标记。属性名是系统内置的，只能使用而不能修改这些属性。属性值一部分是固定的，一部分是自定义的，自定义的一般都是计量单位。通常每一个属性都会单独换行，这样代码会更易于阅读。花括号、冒号和分号都是必需的，不能缺省。如果不写这些符号会导致 CSS 语法错误。属性必须写在花括号内，属性的个数没有限制，可以是零到多个。

5.2　CSS 的 3 种引入方式

CSS 样式不能直接作用在 HTML 的元素上，需要被引入到 HTML 文件中才能生效。CSS 样式有以下 3 种引入方式：

(1) 外部样式 (External Style Sheet)：在独立的 CSS 文件中，并且通过在 HTML 文件中

使用 <link> 标记来引入。

(2) 内部样式 (Internal Style Sheet)：直接在 HTML 文件中使用 <style> 标记来引入。

(3) 内联样式 (Inline Style)：直接在 HTML 标记的 style 属性中引入。

5.2.1　外部样式

外部样式就是创建一个独立的 CSS 文件，该文件只有 CSS 的样式代码，然后在 HTML 文件的代码中使用 <link> 标记来引入 CSS 文件。外部样式的优势在于可以将 HTML 代码和 CSS 代码解耦，便于后期修改和维护，是开发中比较推荐的使用方式。案例 5-1 是外部样式的引入方式。

案例 5-1　代码如下：

```
<!DOCTYPE html>
<html>
    <head>
        <meta charset="UTF-8">
        <title>CSS 样式 </title>
        <link rel="stylesheet" type="text/css" href="style.css"/>
    </head>
    <style type="text/css">
    p{
        /*设置文字的颜色*/
        color:white;
        /*设置背景颜色*/
        background-color:#8A2BE2;
    }
    </style>
    <body>
        <p> 使用 CSS 设置样式的文字 </p>
    </body>
</html>
```

案例 5-1 的显示效果如图 5-1 所示。

图 5-1　CSS 外部样式的显示效果图

在案例 5-1 中，选择器是 p，表示设置所有 <p> 标记的元素的样式，因此除了 <p> 标记以外的元素，都不受此 CSS 属性的影响。

5.2.2　内部样式

内部样式不需要创建 CSS 文件，直接在 HTML 文件中的 <style> 标记中编写 CSS 代码。虽然看似更简单，但是不推荐使用内部样式，因为 HTML 代码和 CSS 代码耦合在一起，当代码量庞大时，修改和维护代码特别麻烦。案例 5-2 是内部样式的引入方式。

案例 5-2 代码如下：

```
<!DOCTYPE html>
<html>
    <head>
        <meta charset="UTF-8">
        <title>CSS 样式 </title>
    </head>
    <style type="text/css">
    p{
        /* 设置背景颜色 */
        background-color: brown;
        /* 设置文字颜色 */
        color:aqua;
        /* 设置文字字体大小为 22 个像素 */
        font-size:22px;
    }
    </style>
    <body>
        <p> 使用内部样式设置的样式 </p>
        <div> 没有对 DIV 设置样式，所有这里的文字没有样式 </div>
    </body>
</html>
```

案例 5-2 的显示效果如图 5-2 所示。

使用内部样式设置的样式
没有对DIV设置样式，所有这里的文字没有样式

图 5-2 内部样式的显示效果图

内部样式必须在 <style> 标记中，其功能和外部样式一样，只是 CSS 代码的位置不一样而已。

案例 5-2 中的 font-size:22px; 属性用于设置文字的字体大小，属于自定义的计量单位，使用的是像素单位 px。

5.2.3 内联样式

内联样式不需要新建 CSS 文件，也不需要使用其他标记来引入，而是直接在 HTML 标记的开始标记中通过 style 属性来添加样式。内联样式只能作用在一个元素上，所以也不推荐使用。案例 5-3 是内联样式的引入方式。

案例 5-3　代码如下：

```
<!DOCTYPE html>
<html>
    <head>
        <meta charset="UTF-8">
        <title>CSS 样式 </title>
    </head>
    <body>
        <p style="color:#8A2BE2;">
            设置文字颜色
        </p>
        <p style="background-color:burlywood;">
            设置背景颜色
        </p>
        <div style="font-size:25px;font-family:'楷体';">
            设置字体大小和字体样式
        </div>
    </body>
</html>
```

案例 5-3 的显示效果如图 5-3 所示。

设置文字颜色

设置背景颜色

设置字体大小和字体样式

图 5-3　内联样式的显示效果图

内联样式无需选择器，因为内联样式默认对当前元素生效。案例 5-3 中新增一个属性 font-family:" 楷体 "; 用于设置文字的字体为楷体。

5.2.4　多重样式的优先级

如果一个 HTML 文件中同时引入了多种样式，需要根据样式的优先级来确定使用哪一个属性。默认情况下 CSS 样式的优先级为：

```
( 内联样式 ) > ( 内部样式 ) >( 外部样式 ) > 浏览器自带样式
```

对于内部样式和外部样式，不能以默认优先级来判断，必须以引入的先后顺序来判断。如果外部样式在内部样式之后才引入，由于后引入的优先级高，会导致外部样式覆盖内部样式。案例 5-4 展示了 3 种引入方式的优先级。

案例 5-4　代码如下：

```
<!DOCTYPE html>
<html>
    <head>
```

```
        <meta charset="UTF-8">
        <title> 多种样式混合使用 </title>
    </head>
    <style type="text/css">
        /*内部样式*/
        span{
            /*背景属性被覆盖，因为外部样式也设置了背景颜色*/
            background-color:blue;
            /*字体属性不会被覆盖，因为外部样式中没有*/
            color:#FFFFFF;
        }
    </style>
    <!-- 外部样式，后引入的优先级高，高于内部样式 -->
    <link rel="stylesheet" type="text/css" href="style.css"/>
    <body>
        <span> 内联元素 1</span>
        <span> 内联元素 2</span>
        <div> 区块元素 </div>
        <span style="background-color:black;"> 内联元素 3</span>
    </body>
</html>
```

案例 5-4 的外部样式代码如下：

```
/*外部样式*/
span{
    /*背景属性可能被覆盖*/
    background-color:red;
}
```

案例 5-4 的显示效果如图 5-4 所示。

图 5-4　3 种引入方式优先级示意图

在案例 5-4 中，使用了 3 种样式，其中内联元素优先级最高，不受影响，所以“内联元素 3”的文字背景颜色为黑色。

对于内部样式和外部样式而言，默认情况下内部样式优先级高于外部样式，但是由于外部样式后引入反而优先级更高，因此“内联元素 1”和“内联元素 2”的文字显示为红色而不是蓝色。

3 种方式引入的样式会叠加并合并，其中没有重复的 color 属性会作用到所有 <span>

元素上，这体现了 CSS 样式层叠的特征。为了方便展示代码，后面多使用内部样式，但是开发中还是推荐使用外部样式。

5.3　3 种基本选择器

5.3.1　元素选择器

在前面章节的内容中，我们已经使用过元素选择器。元素选择器是以“元素的标记名”作为选择器，用于选择一种元素，可以对同一种类型的所有元素设置样式。案例 5-5 展示了元素选择器的使用方法。

案例 5-5　代码如下：

```
<!DOCTYPE html>
<html>
    <style type="text/css">
    p{
        background-color:green;
    }
    div{
        color:red;
    }
    </style>
    <head>
        <meta charset="UTF-8">
        <title> 元素选择器 </title>
    </head>
    <body>
        <p>p 元素 1</p>
        <p>p 元素 2</p>
        <div>div 元素 </div>
    </body>
</html>
```

案例 5-5 的显示效果如图 5-5 所示。

图 5-5　元素选择器的显示效果图

元素选择器对同类型的所有元素都有效，开发中需谨慎使用，避免无意中改变所有同类型元素的样式。

5.3.2　ID 选择器

ID 选择器用于选择一个元素，使用 ID 选择器需要给元素添加 ID，然后在 CSS 代码中使用“#”加上 id 属性值选择指定 ID 的元素。案例 5-6 展示了 ID 选择器的使用方法。

案例 5-6　代码如下：

```
<!DOCTYPE html>
<html>
    <style type="text/css">
    /*使用 ID 选择器 “#" 选择一个元素，ID 属性不要相同*/
    #a{
        background-color:red;
        }
        p{
            color:darkblue;
    }
    </style>
    <head>
        <meta charset="UTF-8">
        <title>ID 选择器 </title>
    </head>
    <body>
        <p> 多个 P 元素 </p>
        <p id="a"> 多个 P 元素，只想给这一个设置样式，添加 ID 属性 </p>
        <p> 多个 P 元素 </p>
    </body>
</html>
```

案例 5-6 的显示效果如图 5-6 所示。

多个P元素
多个P元素，只想给这一个设置样式，添加ID属性
多个P元素

图 5-6　ID 选择器的显示效果图

多种选择器可以同时使用，并且所有的样式都会叠加生效，如果出现相同的属性，则按照选择器优先级或者代码的先后顺序决定哪一个起作用。

5.3.3　CLASS 选择器

CLASS 选择器用于选择多个元素，并且可以选择任意不同类型的元素。通过给多个元素添加相同的 class 属性来选择多个元素，在 CSS 代码中使用“.”号加上 class 属性值选择指定 CLASS 的元素。class 属性有别于 id 属性，id 属性不能相同，但是 class 属性恰恰相反，设计之初的目的就是将多个元素化为一类，所以 CLASS 选择器又叫类选择器。案例 5-7 展示了 CLASS 选择器的使用方法。

案例 5-7　代码如下：

```
<!DOCTYPE html>
<html>
    <style type="text/css">
    .text{
        color:red;
        font-size:18px;
    }
    </style>
    <head>
        <meta charset="UTF-8">
        <title>class 选择器 </title>
    </head>
    <body>
        <p class="text"> 给 p 标记添加 class="text"</p>
        <div class="text"> 给 div 添加 class="text"</div>
        <span class="text"> 给 span 元素也添加 class="text"</span>
    </body>
</html>
```

案例 5-7 的显示效果如图 5-7 所示。

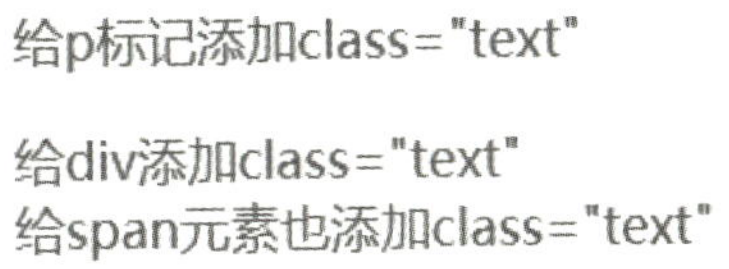
给p标记添加class="text"
给div添加class="text"
给span元素也添加class="text"

图 5-7　CLASS 选择器的显示效果图

在案例 5-7 中，给 <p> 标记、<div> 标记和 <span> 标记分别添加相同的 class 属性，并在 CSS 样式代码中使用“.text”为 3 个标记同时设置相同的样式。class 属性值不能以数字开头，只能包含数字、字母、下画线和中画线，但是 class 属性可以相同。

5.3.4　3 种选择器的优先级

如果同时对同一个元素使用多种选择器，也会涉及优先级的问题。3 个选择器的优先级为：ID 选择器 > CLASS 选择器 > 元素选择器。

由于 CSS 样式可以重复定义，因此样式重复时首先考虑优先级问题，同种选择器中相同的属性，会按照代码的先后顺序，后面的代码会覆盖前面的代码的样式。案例 5-8 展示了 3 种选择器的优先级。

案例 5-8 代码如下：

```
<!DOCTYPE html>
<html>
    <style type="text/css">
    #a{
        /*ID 选择器优先级高，此属性会覆盖其他相同属性*/
        background-color:red;
        /*同时设置两个相同属性，后写的覆盖先写的*/
        color:yellow;
        color:white;
    }
    .b{
        background-color:blue;
        font-size:22px;
    }
    p{
        background-color:green;
        font-family:"楷体";
    }
    </style>
    <head>
        <meta charset="UTF-8">
        <title> 选择器优先级 </title>
    </head>
    <body>
        <p id="a"class="b"> 同时使用三种选择器 </p>
    </body>
</html>
```

案例 5-8 的显示效果如图 5-8 所示。

图 5-8 3 种选择器优先级的显示效果图

ID 选择器的优先级最高，会覆盖其他选择器的相同属性的值。不同选择器中不同的属性可以叠加。

5.4 CSS 尺寸属性

CSS 尺寸属性指的是宽度属性和高度属性，同时还有最大高度、最小高度、最大宽度、最小宽度属性，但是不常用。表 5-1 列举了 CSS 尺寸属性。

表 5-1　CSS 尺寸属性

属　性	描　述
height	设置元素的高度
line-height	设置元素文字的行高
max-height	设置元素的最大高度
min-height	设置元素的最小高度
width	设置元素的宽度
max-width	设置元素的最大宽度
min-width	设置元素的最小宽度

width 属性可以和 margin:auto 属性同时使用，可以让区块元素水平居中显示。案例 5-9 展示了 CSS 尺寸属性的使用方法。

案例 5-9　代码如下：

```
<!DOCTYPE html>
<html>
    <style type="text/css">
    .text1{
        width:600px;
        /*设置元素的外边距自动，有宽度的情况下会使区块元素整体居中*/
        margin:auto;
        height:60px;
        line-height:30px;
        background-color:yellow;
        color:green;
    }
    .text2{
        width:500px;
        background-color:pink;
        line-height:60px;
    }
    </style>
    <head>
        <meta charset="UTF-8">
        <title> 尺寸属性 </title>
    </head>
    <body>
```

```
        <div class="text1"> 宽度为 600px<br> 高度为 60px<br> 一行文字的行高为 30px，所以刚好
可以显示两行，多出来的一行会超出去 </div>
        <div class="text2"> 单行文字可以使用行高设置文字垂直方向上居中显示 </div>
    </body>
</html>
```

案例 5-9 显示效果如图 5-9 所示。

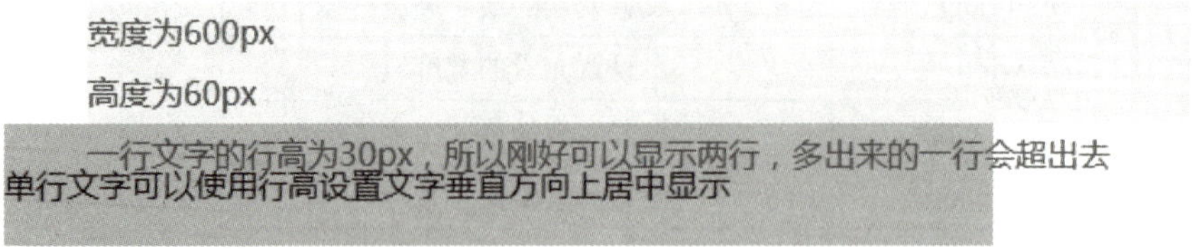
宽度为600px
高度为60px
一行文字的行高为30px，所以刚好可以显示两行，多出来的一行会超出去
单行文字可以使用行高设置文字垂直方向上居中显示

图 5-9　尺寸属性的显示效果图

文字的 line-height 属性较常用，但是元素的高度属性通常不设置，而是让高度自适应。元素设置高度后，元素内容超出的部分依然会显示出来，但是会覆盖在后面的元素之上。若需要文字单行显示而不换行时，可以使用 line-height 属性让文字在垂直方向上居中显示，但是多行文字显示不可以使用该方法。

5.5　CSS 背景属性

CSS 背景属性主要包括背景颜色和背景图片两种，背景颜色属性只有 1 个，背景图片属性有 6 个。表 5-2 是 CSS 背景相关的属性。

表 5-2　CSS 背景属性

属　性	值	描　述
background	将下面的属性按照顺序合并成一个属性值，属性之间使用空格隔开	背景的简写方式，将多个属性值合并
background-color	颜色值：red、blue、green 等 3 位十六进制数：#000、#FFF 等 6 位十六进制数：#000000、#FFFFFF 等 rgb() 函数：rgb(0,0,0) rgba() 函数：rgba(0,0,0,0.1) hsl() 函数：hsl(0,100%,50%) hsla() 函数：hsl(0,100%,50%,1)	设置背景颜色
background-image	url() 函数：url(bg.png)	设置背景图片，使用 url() 函数引入图片
background-repeat	repeat：背景图片可以重复 no-repeat：背景图片不可以重复	设置背景图片是否重复铺满整个元素

续表

属　性	值	描　述
background-attachment	fixed：背景图片固定在默认位置 scroll：背景图片跟随页面滚动	设置背景图片是否固定在页面的某个位置上
background-position	left：背景图片水平靠左 center：背景图片居中 right：背景图片水平靠右 top：背景图片垂直靠顶部 bottom：背景图片垂直靠底部 百分比单位 像素单位	设置背景图片不铺满时在页面中的位置
background-size	cover：背景图片铺满整个元素 contain：背景图片全部显示 百分比单位 像素单位	设置背景图片的大小

5.5.1　background-color 属性

背景颜色可以有颜色的单词 (red)、3 位十六进制数 (#FFF)、6 位十六进制数、rgb() 函数、rgba() 函数、hsl() 函数、hsla() 函数等多种表示方式。

一般情况下，颜色值都源于 RGB 三原色，R 表示 red(红色)，G 表示 green(绿色)，B 表示 blue(蓝色)，所有的颜色都可以使用这 3 种颜色的不同比例调配出来。

(1) 使用 3 位十六进制时，如 #FFF，第 1 位表示红色，第 2 位表示绿色，第 3 位表示蓝色，每一位值的取值范围均为 0-9-A-F，0 为黑色，F 为白色。

(2) 使用 6 位十六进制时，如 #FF00FF，第 1、2 位表示红色，第 3、4 位表示绿色，第 5、6 位表示蓝色，每一位值的取值范围均为 00-99-AA-FF，00 为黑色，FF 为白色。

(3) 使用 rgb() 函数时，如 rgb(255, 200, 0)，第 1 个参数表示红色，第 2 个参数表示绿色，第 3 个参数表示蓝色，每一个参数的取值范围均为 0～255，0 为黑色，255 为白色。

(4) 使用 rgba() 函数时，如 rgba(255, 200, 0, 0.5)，第 1 个参数表示红色，第 2 个参数表示绿色，第 3 个参数表示蓝色，前 3 个参数的取值范围均为 0～255；第 4 个参数表示透明度，透明度的取值范围为 0～1，0 为完全透明，1 为完全不透明，0～1 之间为半透明。

(5) 使用 hsl() 函数时，如 hsl(0, 100%, 50%)，第 1 个参数表示色相，取值范围为 0～360，0 或者 360 为红色，120 为绿色，240 为蓝色；第 2 个参数表示饱和度，0% 为灰色，100% 为全彩色；第 3 个参数表示亮度，0% 为黑暗，50% 为正常，100% 为高光。

(6) 使用 hsla() 函数时，如 hsla(0, 100%, 50%, 0.5)，第 1 个参数表示色相，取值范围为 0～360，0 或者 360 为红色，120 为绿色，240 为蓝色；第 2 个参数表示饱和度，0% 为灰色，100% 为全彩色；第 3 个参数表示亮度，0% 为黑暗，50% 为正常，100% 为高光；第 4 个参数表示透明度，透明度的取值范围为 0～1，0 为完全透明，1 为完全不透明，0～1 之间为半透明。

案例 5-10 展示了几种颜色值的使用方法。

案例 5-10　代码如下：

```
<!DOCTYPE html>
<html>
    <head>
        <meta charset="UTF-8">
        <title> 背景颜色属性 </title>
    </head>
    <style type="text/css">
    .bg{
        /*颜色单词*/
        background-color:red;
        /*红色*/
        background-color:#F00;
        /*绿色*/
        background-color:#0F0;
        /*蓝色*/
        background-color:#00F;
        /*红色*/
        background-color:#FF0000;
        /*绿色*/
        background-color:#00FF00;
        /*蓝色*/
        background-color:#0000FF;
        /*红色*/
        background-color:rgb(255,0,0);
        /*绿色*/
        background-color:rgb(0,255,0);
        /*蓝色*/
        background-color:rgb(0,0,255);
        /*红色完全透明*/
        background-color:rgba(255,0,0,0);
        /*绿色半透明*/
        background-color:rgba(0,255,0,0.6);
        /*蓝色完全不透明*/
        background-color:rgba(0,0,255,1);
        /*红色*/
        background-color: hsl(0,100%,50%);
        /*绿色*/
```

```
        background-color: hsl(120,100%,50%);
        /*蓝色*/
        background-color: hsl(240,100%,50%);
        /*红色完全透明*/
        background-color: hsla(0,100%,50%,0);
        /*绿色半透明*/
        background-color: hsla(120,100%,50%,0.5);
        /*蓝色完全不透明*/
        background-color: hsla(240,100%,50%,1);
    }
    </style>
    <body>
        <div class="bg"> 给 DIV 元素添加背景颜色和背景图片 </div>
    </body>
</html>
```

上述所有颜色的语法都是通用的，不仅在背景颜色中可以使用，而且在其他使用颜色的属性中也可以使用。

5.5.2　background–image 属性

背景图片使用 background-image 属性设置，背景图片属性使用 url() 函数引入图片，图片可以是项目中的图片，也可以是其他网站上的图片，其使用方法和 <img> 标记的使用方法一样。案例 5-11 展示了背景图片的使用方法。

案例 5-11　代码如下：

```
<!DOCTYPE html>
<html>
    <style type="text/css">
    .bg{
        /*使用 url() 函数引入其他网站上的图片，必须写全路径*/
        background-image:url(http://www.star.com/background.jpg);
        /*只能设置一张背景图片，使用 url() 函数引入图片*/
        background-image:url(background.jpg);
    }
    </style>
    <head>
        <meta charset="UTF-8">
        <title> 背景图片属性 </title>
    </head>
    <body>
        <div class="bg"> 给 DIV 元素添加背景颜色和背景图片 </div>
```

```
    </body>
</html>
```

需要注意的是，背景图片只能在元素的宽高范围内显示，如果元素宽高太小，有可能看不见背景图片，可以通过给元素设置较大的宽高属性来观察背景图片的显示效果。

5.5.3 background-repeat 属性

background-repeat 属性用于设置背景图片在水平方向和垂直方向上是否重复显示，可选的值有 repeat 和 no-repeat，默认值为 repeat。

background-repeat 属性允许单独设置水平是否重复和垂直是否重复，只需要写两个值，第 1 个值表示水平是否重复，第 2 个值表示垂直是否重复。如果水平和垂直的值是一样的，则可以省略成一个值。案例 5-12 展示了 background-repeat 属性的使用方法。

案例 5-12 代码如下：

```
<!DOCTYPE html>
<html>
    <style type="text/css">
    .bg{
        height:500px;
        background-image:url(background.jpg);
    }
    .bg{
        /*设置背景图片水平方向上重复，垂直方向上不重复*/
        background-repeat:repeat no-repeat;
        /*设置背景图片水平方向上不重复，垂直方向不重复*/
        background-repeat:no-repeat repeat;
        /*设置背景图片水平方向和垂直方向上都重复*/
        background-repeat:repeat;
        /*设置背景图片水平方向和垂直方向上都不重复*/
        background-repeat:no-repeat;
    }
    </style>
    <head>
        <meta charset="UTF-8">
        <title> 背景图片属性 </title>
    </head>
    <body>
        <div class="bg"> 给 DIV 元素添加背景颜色和背景图片 </div>
    </body>
</html>
```

background-repeat 属性的显示效果只有在元素的宽高足够大时才能观察到。

5.5.4　background-attachment 属性

background-attachment 属性用于设置背景图片在页面中显示的位置是否固定，是跟随页面滚动而滚动，还是固定不动。其可选的值有 fixed 和 scroll。如果设置为 fixed，则背景图片固定在指定的位置上，默认图片的位置是左上角；如果设置为 scroll，则背景图片会随着页面的滚动而滚动。background-attachment 属性的默认值为 scroll。案例 5-13 展示了 background-repeat 属性的使用方法。

案例 5-13　代码如下：

```
<!DOCTYPE html>
<style type="text/css">
.bg{
    height:1000px;
    background-image:url(background.jpg);
    /*背景图片滚动和固定效果的前提：图片不重复*/
    background-repeat:no-repeat;
}
.bg{
    /*背景图片跟随页面滚动而滚动*/
    background-attachment:scroll;
    /*fixed 模式只有在背景图片不重复时才能看出效果*/
    background-attachment:fixed;
}
</style>
<html>
    <head>
        <meta charset="UTF-8">
        <title> 背景图片属性 </title>
    </head>
    <body>
        <div class="bg"> 给 DIV 元素添加背景颜色和背景图片 </div>
    </body>
</html>
```

background-attachment 属性通常无须设置，使用默认值 scroll 更符合平时的开发需求。

5.5.5　background-position 属性

background-position 属性用于设置背景图片的位置，同样分为水平方向的位置和垂直方向的位置。由于 HTML 中页面的坐标原点是左上角，而不是左下角，因此从左上角往右的水平方向是 X 轴，从左上角往下的垂直方向是 Y 轴。所以设置背景图片时是参照页面左边和页面顶部的位置来设置的。

background-position 属性设置水平方向和垂直方向的位置时，可选的值有 left、right、

top、bottom、center、百分比、像素，默认值为 left top。案例 5-14 展示了 background-position 属性的使用方法。

案例 5-14 代码如下：

```
<!DOCTYPE html>
<style type="text/css">
.bg{
    height:500px;
    background-image:url(background.jpg);
    /*背景图片滚动和固定效果的前提：图片不重复*/
    background-repeat:no-repeat;
}
.bg{
    /*设置背景图片水平靠左，垂直靠顶部*/
    background-position:left top;
    /*设置背景图片水平居中，垂直靠顶部*/
    background-position:center top;
    /*设置背景图片水平居中，垂直居中，两个居中可以省略成一个值*/
    background-position:center center;
    /*设置背景图片水平靠右，垂直靠底部*/
    background-position:right bottom;
    /*设置背景图片距离页面左边距离为页面宽度的 10%，距离页面顶部距离为页面高度的 10%*/
    background-position:10% 10%;
    /*设置背景图片距离页面左边距离为 100 像素，距离页面顶部距离为页面高度的 20%*/
    background-position:100px 20%;
}
</style>
<html>
    <head>
        <meta charset="UTF-8">
        <title> 背景图片属性 </title>
    </head>
    <body>
        <div class="bg"> 给 DIV 元素添加背景颜色和背景图片 </div>
    </body>
</html>
```

如果希望背景图片水平和垂直居中显示，则可以将 background-position 属性设置为 center 或者 50%。

5.5.6 background-size 属性

background-size 属性用于设置背景图片的大小，也有两个值，第 1 个值表示宽度，第 2

个值表示高度。其可选值有像素、百分比、cover、contain 等。cover 值表示背景图片会被缩放以完全覆盖元素，contain 值表示背景图片会被缩放以在元素中完整地显示出来。案例 5-15 展示了 background-size 属性的使用方法。

案例 5-15　代码如下：

```
<!DOCTYPE html>
<style type="text/css">
.bg{
    height:500px;
    background-image:url(background.jpg);
    /*背景图片滚动和固定效果的前提：图片不重复*/
    background-repeat:no-repeat;
}
.bg{
    /*设置背景图片缩放，直到把整个元素完全覆盖*/
    background-size:cover;
    /*设置背景图片缩放，直到整个元素可以完全显示出整张图片*/
    background-size:contain;
    /*设置背景图片变形，宽度为 100 像素，高度为 20 像素*/
    background-size:100px 20px;
    /*设置背景图片变形，宽度为元素宽度的 80%，高度为元素高度的 20%*/
    background-size:80% 50%;
}
</style>
<html>
    <head>
        <meta charset="UTF-8">
        <title> 背景图片属性 </title>
    </head>
    <body>
        <div class="bg"> 给 DIV 元素添加背景颜色和背景图片 </div>
    </body>
</html>
```

background-size 属性是 CSS3 版本中新增的属性，因此不能在 background 属性中使用。

5.5.7　background 属性

background 属性只是对上述属性的缩写，可以实现把其他属性用一条属性写完，但是 background-size 属性不能和其他背景属性合并，必须单独写。案例 5-16 展示了 background-size 属性的使用方法。

案例 5-16　代码如下：

```
<!DOCTYPE html>
```

```
<style type="text/css">
.bg{
    height:500px;
    /*设置背景的：颜色粉红色，背景图片，水平不重复，垂直重复，跟随页面滚动，水平居中，垂直顶部*/
    background: pink url(background.jpg) no-repeat repeat scroll center top;
}
</style>
<html>
    <head>
        <meta charset="UTF-8">
        <title> 背景图片属性 </title>
    </head>
    <body>
        <div class="bg"> 给 DIV 元素添加背景颜色和背景图片 </div>
    </body>
</html>
```

background 属性可以只设置一两个属性而无须全部写出，且没有先后顺序的要求。

拓展作业

实现如图 5-10 所示的进度条。

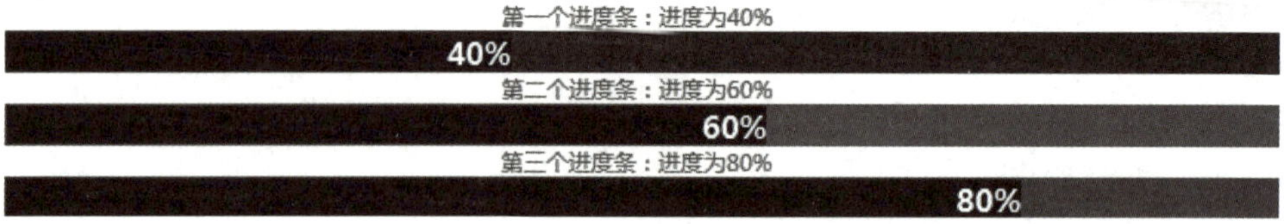

图 5-10　进度条示例图

提示：使用 div 嵌套 div 实现单个进度，由于内层子元素的背景颜色会覆盖外层父元素的背景颜色，因此调节内层子元素的宽度属性的百分比即可设置进度条的进度。

第 6 章　CSS 文本属性

学习目标

1. 掌握 CSS 文本的样式。
2. 掌握 CSS 字体的样式。
3. 掌握 CSS 超链接的样式。
4. 掌握 CSS 按钮的制作方法。

学习内容

6.1　CSS 文本属性

CSS 文本属性主要用于设置文字的样式，在开发中经常使用，需要熟记。表 6-1 列出了重要且常用的文本属性。

表 6-1　CSS 文本属性

属　性	值	描　述
color	和背景颜色一样	设置文字颜色
direction	ltr(left to right)：从左到右，默认 rtl(right to left)：从右到左	设置文字方向
unicode-bidi	bidi-override：重写文字，使方向生效	设置文字是否被重写
letter-spacing	像素、百分比	设置每个字的间距
word-spacing	像素、百分比	设置每个单词的间距
white-space	normal：默认，正常 pre：保留空格和换行 nowrap：不保留空格和换行	设置元素中空白的处理方式
vertical-align	top：垂直顶对齐 middle：垂直居中对齐 bottom：垂直底对齐	设置图片、单元格、内联元素的垂直对齐方式

续表

属 性	值	描 述
text-align	left：水平靠左对齐 right：水平靠右对齐 center：水平居中对齐	设置文字、内联元素的水平对齐方式
text-decoration	overline：上画线 line-through：中画线 underline：下画线 none：没有线，默认	设置文字的上、中、下画线
text-indent	像素、百分比	设置文字的首行缩进距离
text-shadow	水平偏移、垂直偏移、模糊、颜色	设置文字阴影效果

因为内联元素可以等同于文字来处理，所以很多文字属性也适用于内联元素。案例6-1展示了不同文本属性的使用方法。

案例6-1　代码如下：

```
<!DOCTYPE html>
<html>
    <head>
        <meta charset="UTF-8">
        <title>CSS 文字属性 </title>
    </head>
    <style type="text/css">
    #title{
        /*设置文字的方向从右到左，但是不会生效*/
        direction:rtl;
        /*direction 和 unicode-bidi 必须同时使用才会生效*/
        /*只有使用该属性重写文字，文字方向才会改变*/
        unicode-bidi:bidi-override;
        text-align:center;
        /*设置文字水平居中*/
        text-decoration:underline overline;
        /*设置文字下画线 + 上画线*/
        font-size:25px;
        /*字体大小*/
        /*水平向左偏移 2 像素，垂直向下偏移 2 像素，模糊 2 像素，阴影颜色*/
        text-shadow:-2px 2px 2px gray;
    }
    #text{
        letter-spacing:10px;
        /*字母间距 10 像素*/
```

```
            word-spacing:10px;
            /*单词间距 10 像素*/
            white-space:normal;
            /*控制是否正常显示空格和换行*/
            color: blueviolet;
            /*文字颜色*/
            text-indent:40px;
            /*首行缩进 40 像素*/
        }
    </style>
    <body>
        <div id="title"> 告诉自己努力 </div>
        <div id="text">
            有人说，“努力”与“拥有”是人生一左一右的两道风景。但我以为，人生最美最不能逊色的风景应该是努力。努力是人生的一种精神状态，是对生命的一种赤子之情。努力是拥有之母，拥有是努力之子。一心努力可谓条条大路通罗马，只想获取可谓道路逼仄，天地窄小。所以，与其规定自己一定要成为一个什么样的人物，获得什么东西，不如磨炼自己做一个努力的人。志向再高，没有努力，志向终难坚守；没有远大目标，因为努力，终会找到奋斗的方向。做一个努力的人，可以说是人生最切实际的目标，是人生最高的境界。
        </div>
    </body>
</html>
```

案例 6-1 的显示效果如图 6-1 所示。

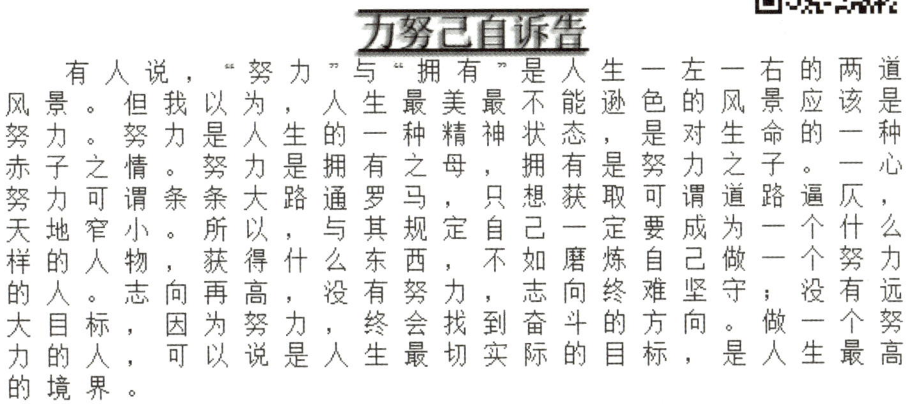

图 6-1　CSS 文本属性的显示效果图

在案例 6-1 中，文章的标题使用了文字修饰属性和文字阴影属性，最终展现出带有上画线、下画线和阴影的效果。

CSS 文本属性中的 direction 和 unicode-bidi 必须同时使用，用于设置文字从右到左显示，文字默认是从左到右显示。需要注意的是，CSS 文本属性默认会传递到其内的下级元素中，因此给上级元素设置文本属性，下级元素也会受影响。

下面介绍 CSS3 text-shadow 属性。

text-shadow 属性用于给文字设置阴影效果，并且可以设置多重阴影，使用“,”分隔。

text-shadow 属性的语法如下：

```
text-shadow:水平偏移 垂直偏移 模糊像素 阴影颜色;
```

text-shadow 属性中的 4 个值需要使用空格分开，其 4 个值的描述如表 6-2 所示。

表 6-2　阴影属性的值

值	描　述
水平方向偏移量	必需，正数向右偏移，负数向左偏移，0 表示不偏移
垂直方向偏移量	必需，正数向下偏移，负数向上偏移，0 表示不偏移
阴影模糊像素值	可选，阴影模糊的程度，值越大越模糊，默认为 0，表示不模糊
阴影的颜色	可选，阴影的颜色

案例 6-2 展示了文本阴影属性的使用方法。

案例 6-2　代码如下：

```
<!DOCTYPE html>
<html>
    <head>
        <meta charset="utf-8">
        <title> 文本阴影属性 </title>
    </head>
    <style type="text/css">
    #font{
        font-size:50px;
        text-align:center;
        text-shadow:0px 4px 2px green,0px 8px 3px blue;
    }
    </style>
    <body>
        <div id="font"> 艺术字效果 </div>
    </body>
</html>
```

案例 6-2 的显示效果如图 6-2 所示。

图 6-2　文字阴影的显示效果图

在案例 6-2 中，使用了双重阴影的效果，每一重阴影使用“,”分隔，每一重阴影的属性都有 4 个值。

6.2　CSS 字体属性

CSS 字体属性和文本属性差不多，都是设置文本的样式，字体属性主要是设置文本的字体、大小、斜体，加粗等样式，也需要熟记。表 6-3 列出了常用的字体属性。

表 6-3　字 体 属 性

属　性	值	描　　述
font	像素	在一个声明中设置字体、大小、斜体、加粗等属性
font-family	字体名称	设置文本的字体，设置多个备用字体时使用逗号分隔
font-size/line-height	像素	设置文本的字体大小，并可同时设置文字行高
font-style	italic、normal	设置文本为斜体，默认为 normal，不加粗
font-weight	100-900	设置字体的加粗值，默认为 400

font 属性是所有字体属性的缩写，可以一次性设置字体类型、字体大小、斜体和加粗。和 background 属性不同，font 属性需要按下面的顺序排列才有效。

```
font: font-style  font-weight  font-size/line-height  font-family
```

案例 6-3 展示了字体属性的用法和 font 属性的合并写法。

案例 6-3　代码如下：

```
<!DOCTYPE html>
<html>
    <head>
        <meta charset="UTF-8">
        <title> 字体属性 </title>
    </head>
    <style type="text/css">
    #font{
        font-family:"楷体", "黑体";
        font-size:30px;
        font-style:italic;
        font-weight:900;
        font:italic 900 30px/40px"楷体", "黑体";
        background-color:aquamarine;
    }
    </style>
    <body>
        <div id="font"> 字体属性合并的写法 </div>
```

```
    </body>
</html>
```

案例 6-3 的显示效果如图 6-3 所示。

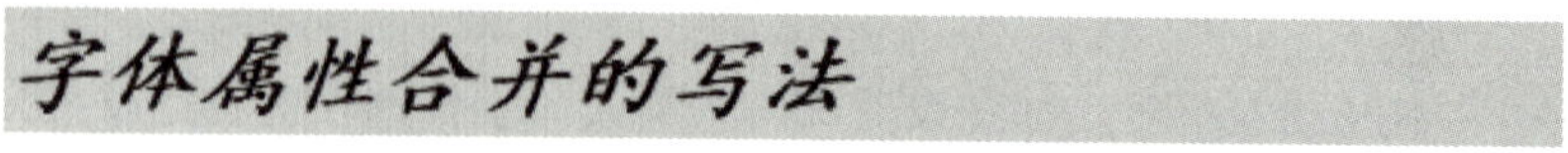

图 6-3　字体属性的显示效果图

在案例 6-3 中，“30px/40px”表示同时设置字体大小和行高，第 1 个值“30px”表示字体大小为 30 像素，第 2 个值“40px”表示行高为 40 像素。

6.3　CSS 单位类型

CSS 中很多属性都需要设置单位，如 font-size 属性，通常使用较多的单位是像素，除此以外还有 cm、%、vw 等。这些单位可以分为绝对大小单位和相对大小单位。

1. 绝对大小单位

绝对大小单位就是不会因为设备的不同、屏幕尺寸等变化而变化的单位，也叫作固定大小单位。常用的绝对大小单位有：

(1) cm：厘米。

(2) mm：毫米。

(3) px：像素，24 像素 = 0.635 厘米，1 像素 = 0.635 cm ÷ 24≈0.026 458 cm。

(4) in：英寸，1 英寸 = 0.1 寸 = 0.254 cm。

(5) pt：点、磅，英美印刷单位，72 磅 = 1 英寸。

系统默认使用的单位是像素，浏览器中默认字体大小是 16 像素。案例 6-4 展示了绝对大小单位的使用方法。

案例 6-4　代码如下：

```
<!DOCTYPE html>
<html>
    <head>
        <meta charset="UTF-8">
        <title> 单位类型 </title>
    </head>
    <style type="text/css">
    .cm{
        font-size:1cm;
    }
    .mm{
```

```
            font-size:1mm;
        }
        .px{
            font-size:20px;
        }
        .in{
            font-size:0.1in;
        }
        .pt{
            font-size:1pt;
        }
        </style>
        <body>
            <ul>
                <li class="cm"> 厘米单位 </li>
                <li class="mm"> 毫米单位 </li>
                <li class="px"> 像素单位，不会因为屏幕尺寸、设备类型而改变 </li>
                <li class="in"> 英寸，1 英寸=0.1 寸=0.254 厘米 </li>
                <li class="pt"> 磅，英美印刷单位。72 磅 =1 英寸 </li>
            </ul>
        </body>
</html>
```

案例 6-4 的显示效果如图 6-4 所示。

图 6-4　绝对大小单位的显示效果图

绝对大小单位设置后都是不会自行改变的，无论在哪种设备上查看页面效果都是一样的大小。

2. 相对大小单位

相对大小单位通常会根据设备类型、屏幕尺寸大小而变化，每种相对大小单位都有相对参照物。常见的相对大小单位有：

(1) 百分比：相对参照物为元素自己。

(2) em：相对参照物为自己的直接上级元素。

(3) rem：相对参照物为 html 元素，html 元素又称为 root 元素。

(4) vw：相对参照物为浏览器窗口，1vw 等于窗口宽度的 1%。

(5) vh：相对参照物为浏览器窗口，1vh 等于窗口高度的 1%。

(6) vmin：相对参照物为浏览器窗口，取 vw 和 vh 中较小的值。

(7) vmax：相对参照物为浏览器窗口，取 vw 和 vh 中较大的值。

案例 6-5 展示了各种相对大小单位的使用方法。

案例 6-5 代码如下：

```
<!DOCTYPE html>
<html>
    <head>
        <meta charset="UTF-8">
        <title> 单位类型 </title>
    </head>
    <style type="text/css">
    html{
        font-size:10px;
    }
    body{
        font-size:20px;
    }
    .per{
        font-size:120%;
    }
    .em{
        font-size:1em;
    }
    .rem{
        font-size:1rem;
    }
    .vw{
        font-size:2vw;
    }
    .vh{
        font-size:2vh;
    }
    .vmin{
        font-size:2vmin;
    }
    .vmax{
        font-size:2vmax;
    }
```

```
    </style>
    <body>
        <ul>
            <li class="per"> 相对于元素自身的默认大小 </li>
            <li class="em"> 相对于直接上级的元素的字体大小 </li>
            <li class="rem"> 相对于 html 标记元素字体大小 </li>
            <li class="vw">1vw 等于窗口宽度的 1%font-size: 2vw;</li>
            <li class="vh">1vh 等于窗口高度的 1%font-size: 2vh;</li>
            <li class="vmin">vw 和 vh 中较小的那个 font-size: 2vmin;</li>
            <li class="vmax">vw 和 vh 中较大的那个 font-size: 2vmax;</li>
        </ul>
    </body>
</html>
```

案例 6-5 的显示效果如图 6-5 所示。

相对于元素自身的默认大小font-size: 120%;
相对于直接上级的元素的字体大小font-size: 120%;
相对于html标记元素字体大小font-size: 1em;
1vw等于窗口宽度的1%font-size: 2vw;
1vh等于窗口高度的1%font-size: 2vh;
vw和vh中较小的那个font-size: 2vmin;
vw和vh中较大的那个font-size: 2vmax;

图 6-5　相对大小的显示效果图

相对大小单位中的 em 单位只和当前元素的上一级元素的单位有关系。案例 6-5 中的 font-size:1em; 表示当前元素的字体大小和上一级元素字体大小一样，也就是等于 body 元素的字体大小，为 20 像素。相对大小单位中的 rem 只与 html 元素有关，无论当前元素的位置在哪，都只会参照 html 元素的单位。

6.4　CSS 超链接属性

超链接的 4 种状态可以使用 CSS 属性来设置样式，这 4 种状态的样式需要通过以下 4 个伪类属性设置。

(1) a:link：超链接未访问过状态的样式。

(2) a:hover：鼠标在超链接上悬停时状态的样式。

(3) a:active：鼠标点击超链接时状态的样式。

(4) a:visited：超链接被访问过状态的样式。

需要注意的是，a:hover 必须在 a:link 和 a:visited 之后，a:active 必须在 a:hover 之后，否则可能导致部分属性无效。

案例 6-6 展示了超链接 4 种状态样式的设置方法。

案例 6-6 代码如下：

```
<!DOCTYPE html>
<html>
    <head>
        <meta charset="UTF-8">
        <title> 超链接属性 </title>
    </head>
    <style type="text/css">
    /*超链接未访问过状态*/

    a:link{
        font-size:20px;
        background-color:red;
        color:white;
    }
    /*超链接被访问过状态*/

    a:visited{
        background-color:green;
    }
    /*鼠标在超链接上悬停时状态*/

    a:hover{
        background-color:blue;
    }
    /*鼠标点击超链接时状态*/

    a:active{
        background-color:black;
    }
    </style>
    <body>
        <a href="http://www.baidu.com"> 超链接 </a>
    </body>
</html>
```

设置超链接状态时，一定要注意属性的顺序。

在超链接的 4 个伪类属性中，a:link 和 a:visited 状态只能在超链接元素中使用，在其他元素中无效，但是 a:hover 和 a:active 属性可以在所有元素中使用，也就是说所有元素都有鼠标放上去的效果和鼠标点击的效果，比如单击按钮的效果就可以使用这两个属性来实现。

案例 6-7 展示了自定义按钮的实现方法。

案例 6-7　代码如下：

```
<!DOCTYPE html>
<html>
    <head>
        <meta charset="UTF-8">
        <title> 元素鼠标状态属性 </title>
    </head>
    <style type="text/css">
    #btn{
        color:white;
        width:200px;
        height:50px;
        font-size:30px;
        background-color:blueviolet;
    }
    #btn:hover{
        background-color:brown;
    }
    #btn:active{
        background-color:cadetblue;
    }
    </style>
    <body>
        <button id="btn"> 按钮特效 </button>
    </body>
</html>
```

案例 6-7 的显示效果如图 6-6 所示。

图 6-6　自定义按钮的显示效果图

在案例 6-7 中，当鼠标放到定义按钮上时，按钮背景颜色会变成棕色，当鼠标单击按钮时，按钮背景颜色会变成蓝色。这些效果就是利用 :hover 和 :active 伪类属性实现的。

拓展作业

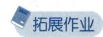

1. 使用文本属性制作如图 6-7 所示的艺术字效果。

图 6-7　艺术字效果示例图

2. 使用 button 元素制作如图 6-8 所示的按钮效果。

图 6-8　按钮效果示例图

提示：使用 hover 和 active 属性设置 3 个按钮在鼠标放上去状态、鼠标单击状态的样式。

第 7 章　CSS 列表排版

学习目标

1. 掌握无序列表的应用。
2. 掌握有序列表的应用。
3. 熟悉嵌套列表的使用方法。
4. 了解自定义列表的标记。
5. 掌握表格样式的使用。

学习内容

7.1　CSS 后代选择器

后代选择器又称子元素选择器，使用的符号是空格。后代选择器主要用于选择某个元素内的子元素，并且无论嵌套多少层都可以选择其内的所有指定子元素。例如 div p，可以选择所有 div 元素中的所有 p 元素，但是如果 p 元素不在 div 中便不能被选中。

案例 7-1 展示了后代选择器的使用方法。

案例 7-1　代码如下：

```
<!DOCTYPE html>
<html>
    <head>
        <meta charset="UTF-8">
        <title> 后代选择器 </title>
    </head>
    <style type="text/css">
    .one.child{
        background-color:aliceblue;
    }
    </style>
    <body>
```

```
            <div class="one">
                <div class="child"> 子元素 1:被选中 </div>
            </div>
            <div class="one">
                <div class="child"> 子元素 1:被选中 </div>
            </div>
            <div class="child"> 子元素 1 </div>
        </body>
    </html>
```

案例 7-1 的显示效果如图 7-1 所示。

图 7-1　后代选择器的显示效果图

在案例 7-1 中，使用“.one .child”后代选择器选择被包含在 <div class="one"> 元素内的所有 <div class="child"> 元素。

7.2　CSS 列表属性

列表属性适用于有序列表和无序列表，因此在 CSS 中没有有序列表和无序列表的差别，可以使用 CSS 的属性把有序列表变成无序列表，也可以把无序列表变成有序列表。表 7-1 展示了 CSS 中列表的 3 个通用属性。

表 7-1　CSS 列表属性

属　性	属性值	描　　述
list-style	type position image	属性简写，把下面 3 个属性合并成一个属性
list-style-type	具体类型如表 7-2 所示	设置列表项标志的类型
list-style-position	inside 或 outside	设置列表中列表项标志的位置
list-style-image	url('se.gif')	把图片设置为列表标志，使用 url 函数引入图片

表 7-2　list-style-type 常用的列表类型

值	描　　述
none	无标记
disc	默认，实心圆
circle	空心圆
square	实心方块
decimal	阿拉伯数字
decimal-leading-zero	0 开头的阿拉伯数字 (01, 02,03)

续表

值	描 述
lower-roman	小写罗马数字 (i, ii, iii, iv, v)
upper-roman	大写罗马数字 (I, II, III, IV, V)
lower-alpha	小写英文字母 (a, b, c, d, e)
upper-alpha	大写英文字母 (A, B, C, D, E)
lower-greek	小写希腊字母 (alpha, beta, gamma)
lower-latin	小写拉丁字母 (a, b, c, d, e)
upper-latin	大写拉丁字母 (A, B, C, D, E)
hebrew	传统的希伯来编号方式
armenian	传统的亚美尼亚编号方式
georgian	传统的佐治亚编号方式 (an, ban, gan)
hiragana	日文片假名 (a, i, u, e, o, ka, ki)
katakana	日文片假名 (A, I, U, E, O, KA, KI)
hiragana-iroha	日文片假名 (i, ro, ha, ni, ho, he, to)
katakana-iroha	日文片假名 (I, RO, HA, NI, HO, HE, TO)

list-style 属性用于列表属性简写，可以按照下面的顺序简写。

```
list-style:list-style-type  list-style-position  list-style-image
```

这 3 个属性并非必须全部写出，不需要的属性可以省略不写。案例 7-2 展示了列表属性的使用方法。

案例 7-2　代码如下：

```
<!DOCTYPE html>
<html>
    <head>
        <meta charset="UTF-8">
        <title> 列表属性 </title>
    </head>
    <style type="text/css">
    .ul1{
        list-style-type:decimal-leading-zero;
        background-color:#FF0000;
    }
    .ul2{
        list-style-type:lower-roman;
        list-style-position:outside;
        background-color:#00FF00;
    }
    .ul3{
```

```
        list-style-type:square;
        list-style-position:inside;
        background-color:yellow;
    }
    li{
        background-color:rgba(0,0,0,0.5);
        color:white;
    }
    </style>
    <body>
        <ul class="ul1">
            <li> 使用 CSS 列表属性不区分无序列表和有序列表 </li>
            <li>CSS 列表属性在无序列表和有序列表中都可以使用 </li>
            <li> 在 CSS 列表样式中列表的类型是通用的 </li>
        </ul>
        <ul class="ul2">
            <li>list-style-position:outside</li>
            <li> 表示列表的标记在 li 元素的外部 </li>
        </ul>
        <ul class="ul3">
            <li>list-style-position:inside</li>
            <li> 表示列表的标记在 li 元素的内部 </li>
        </ul>
    </body>
</html>
```

案例 7-2 的显示效果如图 7-2 所示。

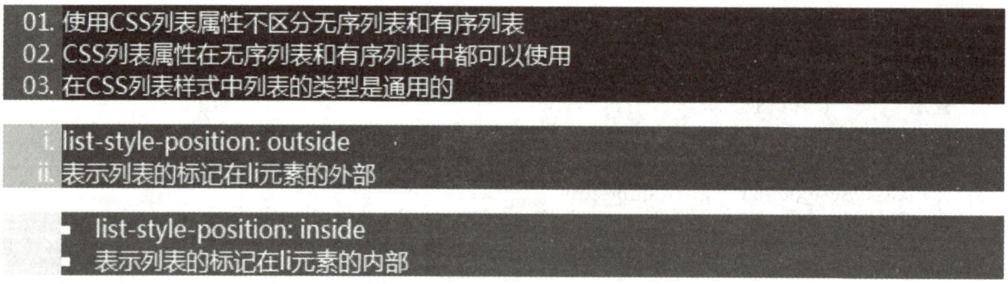

图 7-2　列表属性的显示效果图

list-style-image 属性很少使用，因为该属性无法调整图片的尺寸，必须手动将图片裁剪成目标大小后使用，较为繁杂。

在案例 7-2 中，使用了 3 种列表样式，分别是补零的两位数字、小写罗马字母和实心方块。

由于列表自带外边距和内边距，因此通常需要手动取消列表的外边距和内边距，使用 margin 设置外边距，使用 padding 设置内边距，语法如下：

```
margin: 0px;
padding: 0px;
```

“0px”表示将列表的外边距 margin 设置为 0 像素，将内边距 padding 也设置为 0 像素。案例 7-3 展示了使用列表制作垂直菜单的方法。

案例 7-3　代码如下：

```
<!DOCTYPE html>
<html>
    <head>
        <meta charset="UTF-8">
        <title> 列表制作菜单 </title>
    </head>
    <style type="text/css">
    ul{
        list-style-type:none;
        margin:0;
        /*外边距为 0 像素*/
        padding:0;
        /*内边距为 0 像素*/
    }
    ul li a{
        text-decoration:none;
    }
    ul li{
        line-height:50px;
        width:400px;
        letter-spacing:5px;
        text-indent:8px;
        font-size:18px;
        color:blue;
        font-weight:bold;
        background-color:bisque;
    }
    ul li:hover{
        background-color:darkcyan;
    }
    ul li:active{
        background-color:green;
    }
    </style>
    <body>
```

```
        <ul>
            <li>
                <a href=""> 系统管理 </a>
            </li>
            <li>
                <a href=""> 会员管理 </a>
            </li>
            <li>
                <a href=""> 商品管理 </a>
            </li>
            <li>
                <a href=""> 订单管理 </a>
            </li>
        </ul>
    </body>
</html>
```

案例 7-3 的显示效果如图 7-3 所示。

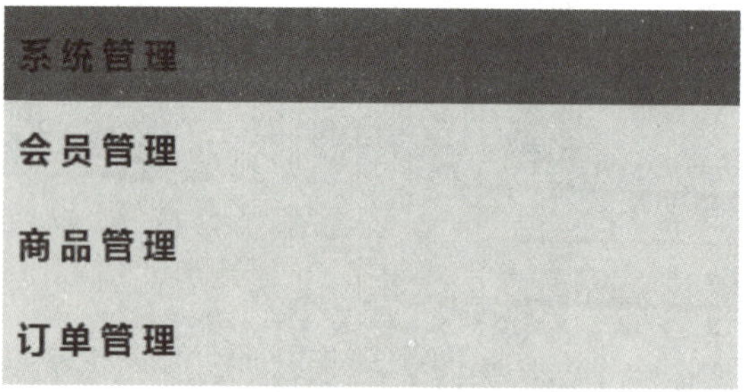

图 7-3 垂直菜单的显示效果图

在案例 7-3 中，list-style-type:none; 属性用于取消列表的标记，所有列表前面没有任何列表的符号。

在制作菜单时，通常都会嵌套超链接 <a> 标记到 <li> 标记中，因为点击菜单通常会跳转到指定页面，并且超链接使用 text-decoration: none; 属性取消了超链接的默认下画线效果。在给超链接 <a> 标记设置文本样式时，必须明确地对 <a> 标记添加属性。对其上级元素添加文本样式不会传递到 <a> 标记中，因为 <a> 标记自带文本样式，会覆盖其上级元素添加的文本样式。

7.3 CSS 显示类型

在使用列表制作菜单时，我们发现列表默认是换行显示的，不能显示到同一行。因为列表是区块元素，区块元素默认独占一块 (行)，所以不能显示到同一行。

如果需要让列表水平显示，那么需要使用 display 属性。display 属性用于设置一个元素的显示类型，决定元素以区块元素类型显示还是以内联元素类型显示。换言之，可以通过 display 属性将区块元素改变为内联元素，或者将内联元素改变为区块元素。

display 的属性值常用的有 3 个，如表 7-3 所示。

表 7-3　CSS 显示类型属性

属　性	描　述
display:block	显示为区块元素样式
display:inline	显示为内联元素样式
display:inline-block	显示为内联区块元素样式

inline-block 类型较为特殊，其既有内联元素的特征，又有区块元素的特征，因此 inline-block 类型的元素表现为同行显示、宽度和高度可控。

案例 7-4 展示了 display:inline-block 属性制作水平菜单的方法。

案例 7-4　代码如下：

```
<!DOCTYPE html>
<html>
    <head>
        <meta charset="UTF-8">
        <title> 水平菜单 </title>
    </head>
    <style type="text/css">
    ul{
        list-style-type:none;
        margin:0;
        padding:0;
        text-align:center;
    }
    a{
        text-decoration:none;
    }
    ul li{
        /*将 li 变成内联区块元素的模式来显示，*/
        /*既可以同行显示，又可以设置宽高属性*/
        display:inline-block;
        height:50px;
        line-height:50px;
        width:160px;
        font-size:18px;
        color:blue;
        font-weight:bold;
        background-color:bisque;
```

```
        }
        ul li:hover{
            background-color:darkcyan;
        }
        ul li:active{
            background-color:green;
        }
        </style>
        <body>
            <ul>
                <li>
                    <a href=""> 系统管理 </a>
                </li>
                <li>
                    <a href=""> 会员管理 </a>
                </li>
                <li>
                    <a href=""> 商品管理 </a>
                </li>
                <li>
                    <a href=""> 订单管理 </a>
                </li>
            </ul>
        </body>
</html>
```

案例 7-4 的显示效果如图 7-4 所示。

图 7-4 水平菜单的显示效果图

在案例 7-4 中，使用 display:inline-block; 属性让 <li> 元素同行显示的同时还能设置宽高属性，实现水平菜单。需要注意的是，内联区块元素虽然水平显示了，但是每个元素之间保留了内联元素的默认间距。

内联区块元素之所以会有默认的间距，主要是由内联元素的文字导致的，这是无法避免的。如果需要去除内联元素默认的间距，可以给内联元素的上级元素添加 font-size:0px; 属性。如果没有上级元素，就手动添加一个上级元素，并将内联元素嵌套在其中。由于给上级元素添加 font-size:0px; 属性会导致其内部所有元素的字体大小都变成 0px，文字就看不见了，因此还需要对每一个下级元素添加 font-size:16px; 的属性，16 像素为默认文字大小，字体大小可以根据需求自定义。

案例 7-5 展示了如何去除内联元素默认间距的方法。

案例 7-5　代码如下：

```
<!DOCTYPE html>
<html>
    <head>
        <meta charset="UTF-8">
        <title> 去除内联元素的默认间距 </title>
    </head>
    <style type="text/css">
    .parent{
        font-size:0;
        /*去除其内部内联子元素的默认间距*/
        color: white;
    }
    .parent h2{
        font-size:30px;
        display:inline-block;
        /*变成内联区块元素*/
        background-color:#008000;
        width:30%;
        /*去除间距后便可方便使用百分比分配宽度*/
    }
    .parent p{
        font-size:20px;
        display:inline-block;
        /*变成内联区块元素*/
        background-color:#008B8B;
        width:20%;
        /*去除间距后便可方便使用百分比分配宽度*/
    }
    .parent div{
        font-size:16px;
        display:inline-block;
        /*变成内联区块元素*/
        background-color:#A52A2A;
        width:20%;
        /*去除间距后便可方便使用百分比分配宽度*/
    }
    .parent span{
```

```
            font-size:16px;
            display:inline-block;
            /*变成内联区块元素*/
            background-color:#CD5C5C;
            width:30%;
            /*去除间距后便可方便使用百分比分配宽度*/
        }
        </style>
        <body>
            <div class="parent">
                <h2> 内联子元素 h2</h2>
                <p> 内联子元素 p</p>
                <div> 内联子元素 div</div>
                <span> 内联子元素 span</span>
            </div>
        </body>
</html>
```

案例 7-5 的显示效果如图 7-5 所示。

图 7-5　内联元素去除间距后的显示效果图

在案例 7-5 中，内联元素自带间距，在使用百分比对内联元素设置宽度时，间距会额外占用空间，且会跟随文字大小而变化，导致排版错乱，最后一个元素被挤压到下一行。如果去除内联元素自带间距，便可精确计算宽度百分比，只要多个元素的宽度加起来等于 100%，最后一个元素就不会被挤压到下一行。

默认多个内联元素在水平方向上的对齐方式为文字底部基准线对齐，如果这几个内联元素的文字大小均不相同，则这几个内联元素在水平方向上就会参差不齐。这时可以使用 vertical-align 属性调整垂直对齐方式，具体方法如下：

(1) vertical-align: top;：实现多个内联元素顶对齐。

(2) vertical-align: middle;：实现多个内联元素居中对齐。

(3) vertical-align: bottom;：实现多个内联元素底对齐。

案例 7-6 展示了多个内联元素垂直居中对齐的使用方法。

案例 7-6　代码如下：

```
<!DOCTYPE html>
<html>
    <head>
        <meta charset="UTF-8">
        <title> 去除内联元素的默认间距 </title>
```

```
</head>
<style type="text/css">
.parent{
    font-size:0;
    color:white;
}
.parent h2{
    font-size:30px;
    display:inline-block;
    background-color:#008000;
    width:30%;
    /*设置这一个内联元素在水平方向上的对齐方式*/
    vertical-align:middle;
}
.parent p{
    font-size:20px;
    display:inline-block;
    background-color:#008B8B;
    width:20%;
    /*设置这一个内联元素在水平方向上的对齐方式*/
    vertical-align:middle;
}
.parent div{
    font-size:16px;
    display:inline-block;
    background-color:#A52A2A;
    width:20%;
    /*设置这一个内联元素在水平方向上的对齐方式*/
    vertical-align:middle;
}
.parent span{
    font-size:16px;
    display:inline-block;
    background-color:#CD5C5C;
    width:30%;
    /*设置这一个内联元素在水平方向上的对齐方式*/
    vertical-align:middle;
}
</style>
```

```
        <body>
            <div class="parent">
                <h2> 内联子元素 h2</h2>
                <p> 内联子元素 p</p>
                <div> 内联子元素 div</div>
                <span> 内联子元素 span</span>
            </div>
        </body>
    </html>
```

案例 7-6 的显示效果如图 7-6 所示。

图 7-6　内联元素垂直居中对齐的显示效果图

只有在内联元素中才可以使用 vertical-align 属性设置垂直对齐方式。

在制作菜单时，通常会使用 <a> 标记，但是 <a> 标记是内联元素，设置宽高属性无效，如果需要设置 <a> 标记的宽高，也可以将 <a> 标记变成区块元素。

案例 7-7 展示了设置超链接宽高属性的使用方法。

案例 7-7　代码如下：

```
<!DOCTYPE html>
<html>
    <head>
        <meta charset="UTF-8">
        <title> 超链接区块化 </title>
    </head>
    <style type="text/css">
    ul{
        margin:0;
        padding:0;
    }
    ul li{
        display:inline-block;
        list-style:none;
    }
    ul li a{
        display:block;
        text-decoration:none;
        background-color:#008000;
        width:60px;
```

```
            text-align:center;
            line-height:40px;
            color: white;
        }
    </style>
    <body>
        <ul>
            <li>
                <a href=""> 菜单 1</a>
            </li>
            <li>
                <a href=""> 菜单 2</a>
            </li>
            <li>
                <a href=""> 菜单 3</a>
            </li>
        </ul>
    </body>
</html>
```

案例 7-7 的显示效果如图 7-7 所示。

图 7-7　超链接设置宽高属性的显示效果图

当 <li> 标记和 <a> 标记同时使用时，通常给 <a> 标记设置宽高属性，而不需要给 <li> 标记设置宽高属性。

7.4　CSS 显示隐藏

CSS 中有多种隐藏元素的方法，如设置透明度为零、设置元素不可见或删除元素等。表 7-4 列举了 3 种用于隐藏元素的属性值。

表 7-4　3 种隐藏元素的方法

属 性	显　示	隐 藏
display	除了 none 之外的其他值	none
visibility	visible	hidden
opacity	1	0

HTML 中的所有元素可以分成两部分：一部分是元素所占据的空间，元素的宽高决定其空间的大小；另一部分是元素显示的内容，内容默认显示在元素的空间内，但是如果空间不足内容也会超出元素的空间方位。

对于元素显示和隐藏，我们需要从元素的空间、内容两个角度来分析。

(1) display:none：被隐藏的元素不会占据任何空间，相当于不存在于页面上。也就是说，该元素不但被隐藏了，而且该元素原本占据的空间也会从页面布局中消失。

(2) visibility:hidden：被隐藏的元素仅仅是内容不可见，其所占据的空间依然存在，因此会在页面上出现一片空白的空间。也就是说，虽然该元素的内容被隐藏了，但是空间还在。

(3) opacity:0：被隐藏的元素的内容变成透明或者半透明，其所占据的空间依然存在，效果与 visibility:hidden 相似。

对同一个元素设置显示、隐藏属性时，必须同时使用同一个属性。如果使用 opacity:0 属性隐藏元素，就只能使用 opacity:1 属性显示该元素，而不能使用 visibility:visible 显示该元素。

案例 7-8 展示了 3 种隐藏元素的方法。

案例 7-8 代码如下：

```
<!DOCTYPE html>
<html>
    <head>
        <meta charset="UTF-8">
        <title> 显示隐藏 </title>
    </head>
    <style type="text/css">
    .display{
        line-height:30px;
        color:white;
    }
    .display.hover{
        background-color:red;
    }
    .display.content{
        display:none;
        background-color:indianred;
    }
    .display:hover.content{
        display:block;
    }
    .visibility{
        line-height:30px;
```

```
        color:white;
    }
    .visibility.hover{
        background-color:blue;
    }
    .visibility.content{
        visibility:hidden;
        background-color:darkblue;
    }
    .visibility:hover.content{
        visibility:visible;
    }
    .opacity{
        line-height:30px;
        color:white;
    }
    .opacity.hover{
        background-color:green;
    }
    .opacity.content{
        opacity:0;
        background-color:lawngreen;
    }
    .opacity:hover.content{
        opacity:1;
        color:black;
    }
    </style>
    <body>
        <div class="display">
            <div class="hover"> 鼠标悬停在这里，显示下方隐藏的内容 </div>
            <div class="content"> 使用 display:none 隐藏的内容 </div>
        </div>
        <div class="visibility">
            <div class="hover"> 鼠标悬停在这里，显示下方隐藏的内容 </div>
            <div class="content"> 使用 visibility:hidden 隐藏的内容 </div>
        </div>
        <div class="opacity">
```

```
            <div class="hover"> 鼠标悬停在这里，显示下方隐藏的内容 </div>
            <div class="content">opacity:0；隐藏的内容 </div>
        </div>
    </body>
</html>
```

案例 7-8 的显示效果如图 7-8 所示。

鼠标悬停在这里，显示下方隐藏的内容
鼠标悬停在这里，显示下方隐藏的内容
鼠标悬停在这里，显示下方隐藏的内容

图 7-8　元素显示隐藏的显示效果图

显示隐藏时必须使用同一个属性，visibility 属性和 opacity 属性隐藏后元素所占据的空间还存在，display 属性隐藏后元素所占据的空间不存在。

7.5　CSS 下拉菜单

下拉菜单的二级菜单需要被隐藏，直到用户点击或者鼠标悬停在某个一级菜单时，二级菜单才会显示出来。如果使用 :hover 伪类属性，就可以轻松实现鼠标悬停显示二级菜单的效果。

在制作下拉菜单前，先来了解 :hover 伪类属性的使用技巧。

(1) 需要鼠标悬停在哪个元素之上，就给哪个元素使用 :hover 属性。

(2) 如果需要鼠标悬停的元素被隐藏了，就无法触发鼠标悬停效果。如在制作下拉菜单时，因为二级菜单被隐藏了，鼠标无法悬停在二级菜单上，也就无法通过 :hover 伪类属性显示二级菜单。

(3) :hover 伪类属性可以配合后代选择器一起使用，实现鼠标悬停在上级元素上，控制下级元素显示或隐藏。如鼠标悬停在一级菜单上，控制二级菜单显示和隐藏。

:hover 伪类属性配合后代选择器使用的语法如下：

```
#parent li:hover #child
```

该语法表示鼠标放在上级 id="#parent" 的元素上时，控制下级 id="#child" 的元素显示。案例 7-9 展示了 :hover 伪类属性配合后代选择器的使用方法。

案例 7-9　代码如下：

```
<!DOCTYPE html>
<html>
    <head>
        <meta charset="UTF-8">
        <title> 后代选择器 : hover 属性 </title>
    </head>
```

```
<style type="text/css">
ul{
    margin:0;
    padding:0;
    list-style:none;
}
.menu1 li a{
    text-decoration:none;
    color:white;
    background-color:#008B8B;
    width:400px;
    height:40px;
    line-height:40px;
    display:block;
    /*以区块元素显示 a 元素*/
    text-indent:20px;
    /*二级菜单缩进 20 像素*/
}
.menu2 li a{
    text-indent:40px;
    /*二级菜单缩进 40 像素*/
}
.menu1 li a:hover{
    background-color:#8A2BE2;
}
/*此处为重点，通过一级菜单的 : hover 属性控制二级菜单显示*/

.menu1 li:hover.menu2{
    display:block;
    /*将二级菜单显示出来*/
}
.menu1 li.menu2{
    display:none;
    /*先隐藏二级菜单*/
}
</style>
```

```
    <body>
        <label> 以下二级菜单结构是通用的，无论几级菜单都可以按照这个模板实现 </label>
        <ul class="menu1">
            <li>
                <a href=""> 一级菜单 </a>
                <ul class="menu2">
                    <li>
                        <a href=""> 二级菜单 </a>
                    </li>
                    <li>
                        <a href=""> 二级菜单 </a>
                    </li>
                </ul>
            </li>
            <li>
                <a href=""> 一级菜单 </a>
                <ul class="menu2">
                    <li>
                        <a href=""> 二级菜单 </a>
                    </li>
                    <li>
                        <a href=""> 二级菜单 </a>
                    </li>
                </ul>
            </li>
        </ul>
    </body>
</html>
```

案例 7-9 的显示效果如图 7-9 所示。

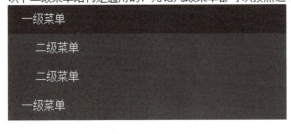

图 7-9　二级菜单显示隐藏的效果图

在案例 7-9 中，通过一级菜单的 :hover 伪类属性控制二级菜单显示，并使用 display: none; 属性来实现二级菜单隐藏，其中二级菜单的结构可以扩展至多级菜单。

拓展作业

1. 实现如图 7-10 所示的列表样式，分别为红绿蓝 3 种色彩风格，并且鼠标悬停在每一个列表头部时，让该列表的列表项显示出来，当列表项隐藏时空间依然存在。

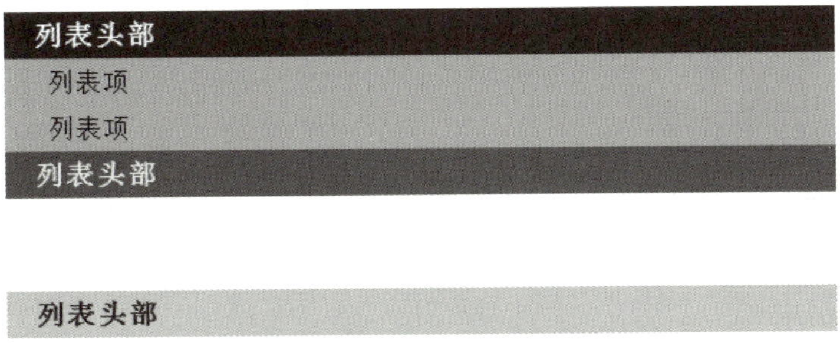

图 7-10　列表样式示例图

2. 实现如图 7-11 所示的二级菜单效果，鼠标悬停在第 1 个一级菜单上时，控制该一级菜单的二级菜单显示。二级菜单隐藏时不占空间。

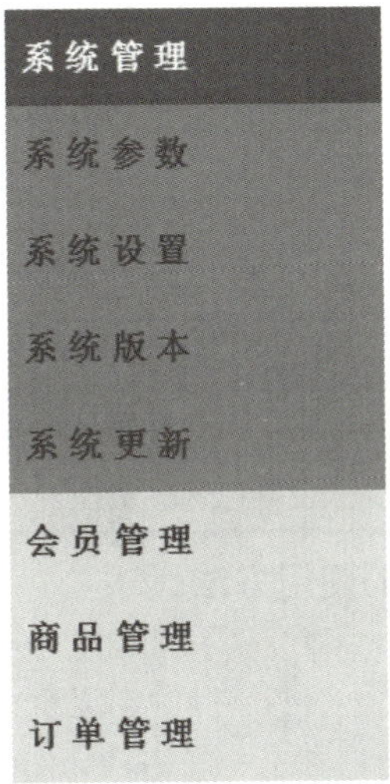

图 7-11　二级菜单效果示例图

3. 实现如图 7-12 所示的水平一级菜单，分为左、中、右 3 个部分，使用内联区块模式显示，左边为 LOGO，宽度为 20%，中间为左侧菜单，宽度为 60%，右边为右侧菜单，宽度为 20%，注意去除内联元素的默认间距。垂直方向上居中显示。

图 7-12　水平一级菜单示例图

第 8 章　CSS 表格属性

学习目标

1. 掌握表格样式的使用。
2. 掌握表格隔行色的设置。
3. 掌握各种表格的绘制方法。

学习内容

8.1　CSS 表格标题属性

CSS 的表格标题使用 caption-side 属性，当不设置该属性时，标题默认值显示在表格正上方。该属性有如表 8-1 所示的两个值。

表 8-1　表格标题属性值

值	描　述
top	默认值，表格标题显示在表格正上方
bottom	表格标题显示在表格正下方

案例 8-1 展示了表格标题属性的使用方法。

案例 8-1　代码如下：

```
<!DOCTYPE html>
<html>
    <head>
        <meta charset="UTF-8">
        <title> 表格标题属性 </title>
    </head>
    <style type="text/css">
    table{
        caption-side:bottom;
```

```
        /*设置表格标题在表格下方*/
        background-color:#008B8B;
    }
    </style>
    <body>
        <table>
            <caption> 表格标题 </caption>
            <tr>
                <th> 表头 </th>
                <th> 表头 </th>
                <th> 表头 </th>
                <th> 表头 </th>
            </tr>
            <tr>
                <td> 内容 </td>
                <td> 内容 </td>
                <td> 内容 </td>
                <td> 内容 </td>
            </tr>
            <tr>
                <td> 内容 </td>
                <td> 内容 </td>
                <td> 内容 </td>
                <td> 内容 </td>
            </tr>
        </table>
    </body>
</html>
```

案例 8-1 的显示效果如图 8-1 所示。

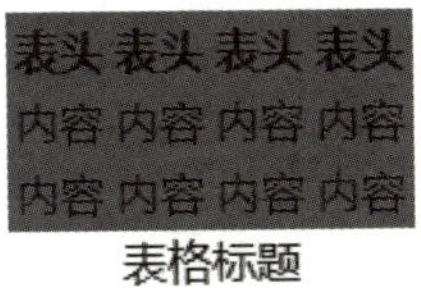

图 8-1　表格标题的显示效果图

表格的标题默认显示在表格正上方，但是可以使用 caption-side:bottom; 属性将表格的标题设置为底部显示。

8.2 CSS 表格边框

表格默认没有边框，如果需要设置边框可以使用 border 属性。

border 属性的语法如下：

```
border:1px solid black;
```

其中第 1 个值表示边框宽度，第 2 个值表示边框为实线类型，第 3 个值表示边框颜色。

需要注意的是，表格的边框和单元格的边框是分离的，<table> 标记的边框只会在表格最外层加上边框，<tr> 标记的边框只能影响行，<td> 标记的边框只能影响单元格，并且 <td> 标记的边框会覆盖 <tr> 标记的边框。

案例 8-2 分别给 <table> 标记和 <td> 标记设置了边框，方便观察表格边框的结构。

案例 8-2 代码如下：

```
<!DOCTYPE html>
<html>
    <head>
        <meta charset="UTF-8">
        <title> 表格边框 </title>
    </head>
    <style type="text/css">
    table{
        border:5px solid blueviolet;
    }
    th{
        border:2px solid green;
    }
    td{
        border:2px solid red;
    }
    </style>
    <body>
        <table>
            <caption> 表格标题 </caption>
            <tr>
                <th> 表头 </th>
                <th> 表头 </th>
                <th> 表头 </th>
                <th> 表头 </th>
```

```
            </tr>
            <tr>
                <td> 内容 </td>
                <td> 内容 </td>
                <td> 内容 </td>
                <td> 内容 </td>
            </tr>
            <tr>
                <td> 内容 </td>
                <td> 内容 </td>
                <td> 内容 </td>
                <td> 内容 </td>
            </tr>
        </table>
    </body>
</html>
```

案例 8-2 的显示效果如图 8-2 所示。

图 8-2　表格边框的显示效果图

表格之所以会显示双边框，是因为 <table> 标记、<th> 标记和 <td> 标记都有各自的边界，因此这 3 个标记都有各自的边框。如果不需要显示表格的双边框，可以在 table 中使用 border-collapse:collapse; 属性去除表格的双边框。

案例 8-3 展示了去除表格边框的使用方法。

案例 8-3　代码如下：

```
<!DOCTYPE html>
<html>
    <head>
        <meta charset="UTF-8">
        <title> 表格边框合并 </title>
    </head>
    <style type="text/css">
    table{
        border:5px solid blueviolet;
        border-collapse:collapse;
```

```
        /*使用该属性合并表格和单元格的边框*/
    }
    th{
        border:2px solid green;
    }
    td{
        border:2px solid red;
    }
    </style>
    <body>
      <table>
            <caption> 表格标题 </caption>
            <tr>
                <th> 表头 </th>
                <th> 表头 </th>
                <th> 表头 </th>
                <th> 表头 </th>
            </tr>
            <tr>
                <td> 内容 </td>
                <td> 内容 </td>
                <td> 内容 </td>
                <td> 内容 </td>
            </tr>
            <tr>
                <td> 内容 </td>
                <td> 内容 </td>
                <td> 内容 </td>
                <td> 内容 </td>
            </tr>
      </table>
    </body>
</html>
```

案例 8-3 的显示效果如图 8-3 所示。

图 8-3　表格边框合并的显示效果图

border-collapse: collapse; 必须在 <table> 标记中使用才有效，不能在 <tr> 标记、<th> 标记和 <td> 标记中使用。

8.3　CSS 表格文字对齐

表格中的文本对齐方式主要指水平对齐方式和垂直对齐方式，其中使用 text-align 属性设置水平对齐方式，使用 vertical-align 属性设置垂直对齐方式。但是 vertical-align 属性的垂直对齐方式只能在表格内使用，因为其他元素的文字默认没有垂直对齐方式。

案例 8-4 展示了单元格内设置文字右上角对齐的使用方法。

案例 8-4　代码如下：

```
<!DOCTYPE html>
<html>
    <head>
        <meta charset="UTF-8">
        <title> 表格边框对齐方式 </title>
    </head>
    <style type="text/css">
    table{
        border:5px solid blueviolet;
        border-collapse:collapse;
        /*使用该属性合并表格和单元格的边框*/
    }
    th{
        width:60px;
        height:50px;
        border:2px solid green;
        text-align:right;
        /*设置水平靠右*/
        vertical-align:top;
        /*设置垂直靠底部*/
    }
    td{
        width:60px;
        height:50px;
        border:2px solid red;
        text-align:center;
        /*设置水平居中*/
```

```
            vertical-align:middle;
            /*设置垂直居中*/
        }
        </style>
        <body>
            <table>
                <caption> 表格标题 </caption>
                <tr>
                    <th> 表头 </th>
                    <th> 表头 </th>
                    <th> 表头 </th>
                    <th> 表头 </th>
                </tr>
                <tr>
                    <td> 内容 </td>
                    <td> 内容 </td>
                    <td> 内容 </td>
                    <td> 内容 </td>
                </tr>
                <tr>
                    <td> 内容 </td>
                    <td> 内容 </td>
                    <td> 内容 </td>
                    <td> 内容 </td>
                </tr>
            </table>
        </body>
    </html>
```

案例 8-4 的显示效果如图 8-4 所示。

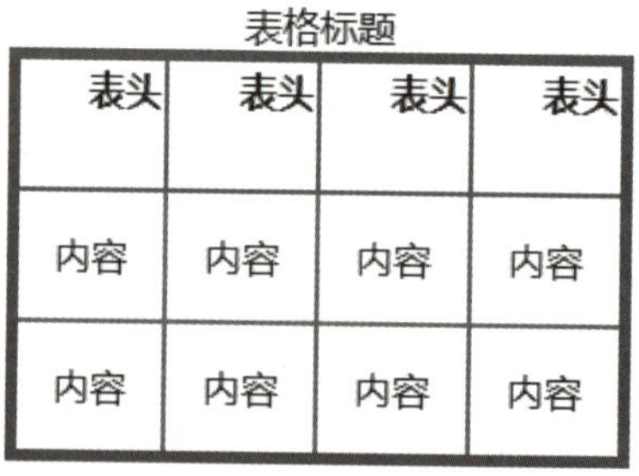

图 8-4　表格内文字对齐方式的显示效果图

在案例 8-4 中，使用 width 属性和 height 属性设置单元格的宽高，因为只有在单元格空间足够大时，才能体现出水平对齐和垂直对齐的效果。

8.4　CSS 表格隔行色

表格的隔行色表示每隔几行便循环显示不同的颜色，在表格的行数较多时，使用隔行色会非常便捷。隔行色主要由 :nth-of-type() 和 :nth-child() 两个伪类属性实现，这两个伪类属性的语法结构如下：

```
td:nth-of-type(odd){background:#00ccff;} 奇数行
td:nth-of-type(even){background:#ffcc00;} 偶数行
td:nth-of-type(2n+1){background:#00ccff;} 奇数行，括号内为 n 的一元一次方程式
td:nth-of-type(2n){background:#ffcc00;} 偶数行，括号内为 n 的一元一次方程式
td:nth-child (odd){background:#00ccff;} 奇数行
td:nth-child (even){background:#ffcc00;} 偶数行
td:nth-child (2n+1){background:#00ccff;} 奇数行，括号内为 n 的一元一次方程式
td:nth-child (2n){background:#ffcc00;} 偶数行，括号内为 n 的一元一次方程式
```

其中 odd 表示奇数，even 表示偶数。也可以使用 *n* 的一元一次方程式来表示，实现各种不同的效果。

案例 8-5 展示了隔行色和隔列色的使用方法。

案例 8-5　代码如下：

```
<!DOCTYPE html>
<html>
    <head>
        <meta charset="UTF-8">
        <title> 表格隔行色 </title>
    </head>
    <style type="text/css">
    table{
        width:100%;
        text-align:center;
        border-collapse:collapse;
    }
    /*这里是并列选择，同时对 th 和 td 元素设置相同的样式*/

    th,td{
        height:35px;
        color: white;
```

```
}
/*对 tr 设置奇数行的颜色*/

tr:nth-of-type(odd){
    background-color:#5F9EA0;
}
/*对 tr 设置偶数行的颜色*/

tr:nth-of-type(even){
    background-color:darkolivegreen;
}
/*3n+3：可以理解为从第 3 个单元格开始，并且满足 3 的倍数*/

td:nth-child(3n+3){
    background-color:#A52A2A;
}
</style>
<body>
    <table>
        <tr>
            <th> 编号 </th>
            <th> 姓名 </th>
            <th> 性别 </th>
            <th> 年龄 </th>
            <th> 身高 </th>
            <th> 体重 </th>
            <th> 签名 </th>
        </tr>
        <tr>
            <td>1</td>
            <td> 名称 </td>
            <td> 女 </td>
            <td>32</td>
            <td>168CM</td>
            <td>50kg</td>
            <td> 个性签名 </td>
        </tr>
        <tr>
            <td>2</td>
```

```
            <td> 名称 </td>
            <td> 女 </td>
            <td>32</td>
            <td>168CM</td>
            <td>50kg</td>
            <td> 个性签名 </td>
        </tr>
        <tr>
            <td>3</td>
            <td> 名称 </td>
            <td> 女 </td>
            <td>32</td>
            <td>168CM</td>
            <td>50kg</td>
            <td> 个性签名 </td>
        </tr>
        <tr>
            <td>4</td>
            <td> 名称 </td>
            <td> 女 </td>
            <td>32</td>
            <td>168CM</td>
            <td>50kg</td>
            <td> 个性签名 </td>
        </tr>
        <tr>
            <td>5</td>
            <td> 名称 </td>
            <td> 女 </td>
            <td>32</td>
            <td>168CM</td>
            <td>50kg</td>
            <td> 个性签名 </td>
        </tr>
    </table>
  </body>
</html>
```

案例 8-5 的显示效果如图 8-5 所示。

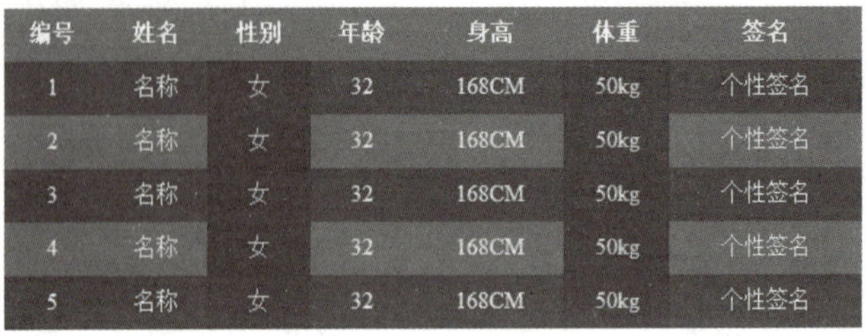

编号	姓名	性别	年龄	身高	体重	签名
1	名称	女	32	168CM	50kg	个性签名
2	名称	女	32	168CM	50kg	个性签名
3	名称	女	32	168CM	50kg	个性签名
4	名称	女	32	168CM	50kg	个性签名
5	名称	女	32	168CM	50kg	个性签名

图 8-5　表格隔行色和隔列色的显示效果图

隔行色需要使用 <tr> 标记设置，隔列色则需要使用 <th> 标记或 <td> 标记设置。

拓展作业

1. 制作如图 8-6 所示的表格样式，分别制作 4 种风格的表格样式：默认灰色主题、蓝色主题、红色主题、绿色主题，推荐使用 rgba() 的透明色。

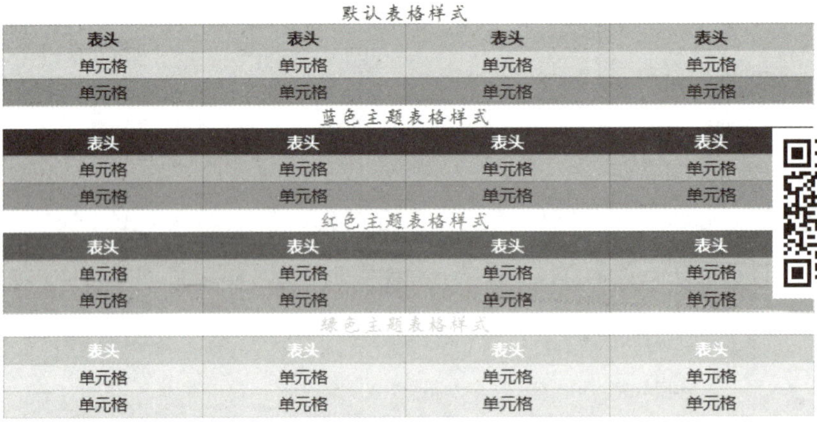

默认表格样式

表头	表头	表头	表头
单元格	单元格	单元格	单元格
单元格	单元格	单元格	单元格

蓝色主题表格样式

表头	表头	表头	表头
单元格	单元格	单元格	单元格
单元格	单元格	单元格	单元格

红色主题表格样式

表头	表头	表头	表头
单元格	单元格	单元格	单元格
单元格	单元格	单元格	单元格

绿色主题表格样式

表头	表头	表头	表头
单元格	单元格	单元格	单元格
单元格	单元格	单元格	单元格

图 8-6　表格样式示例图

2. 使用表格排版实现如图 8-7 所示的后台框架。

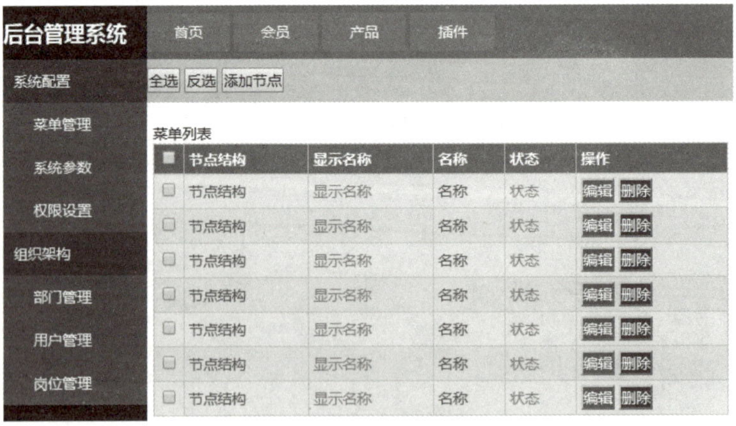

节点结构	显示名称	名称	状态	操作
节点结构	显示名称	名称	状态	编辑 删除
节点结构	显示名称	名称	状态	编辑 删除
节点结构	显示名称	名称	状态	编辑 删除
节点结构	显示名称	名称	状态	编辑 删除
节点结构	显示名称	名称	状态	编辑 删除
节点结构	显示名称	名称	状态	编辑 删除
节点结构	显示名称	名称	状态	编辑 删除

图 8-7　后台框架示例图

第 9 章　CSS 盒子模型

学习目标

1. 掌握 CSS 边框、边线、边距等的属性。
2. 掌握边框的扩展运用方法。
3. 掌握内边距和边框的合并方法。
4. 掌握 CSS 盒子模型原理。
5. 掌握外边距合并的方法。

学习内容

9.1　CSS 盒子模型

在 CSS 中，所有的 HTML 元素都可以看作是一个盒子，每个盒子包括内容、内边距、边框、轮廓和外边距几个部分。我们将其称为盒子模型，结构如图 9-1 所示。

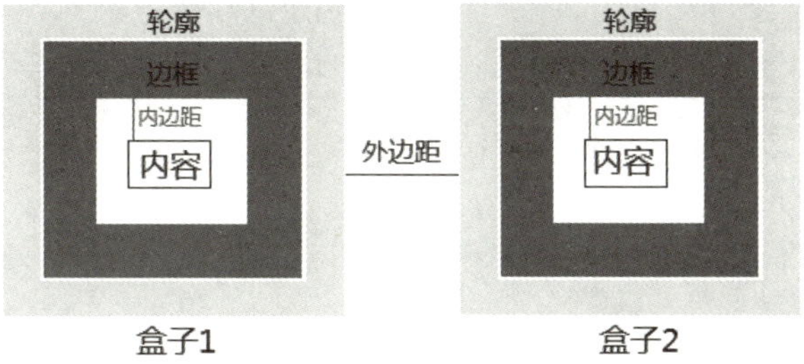

图 9-1　盒子模型示意图

在默认情况下，大多数元素都没有设置内边距、边框、轮廓和外边距，但是利用这些属性可以实现复杂的网页排版。

9.2　CSS 内边距

CSS 内边距使用 padding 属性设置，该属性比较灵活，可以分别设置每一边的内边距，也可以一次性设置四边的内边距。内边距详细的属性说明如表 9-1 所示。

表 9-1　内边距的属性

属　性	说　明
padding	同时设置四边的内边距
padding-bottom	设置底部的内边距
padding-left	设置左边的内边距
padding-right	设置右边的内边距
padding-top	设置顶部的内边距

为了更清晰地观察内边距的效果，建议给元素设置背景颜色，因为 padding 内边距填充的部分也会被背景颜色填充。内边距属性除了可以单独设置四边以外，还可以用一个属性同时设置多个边的内边距。

表 9-2 展示了利用 padding 属性设置多个边的内边距方法。

表 9-2　设置内边距的方法

属　性	说　明
padding:5px;	四边内边距为 25 像素
padding:5px 10px;	上下两边内边距为 25 像素 左右两边内边距为 50 像素
padding:5px 10px 15px;	上边内边距为 25 像素 左右两边内边距为 50 像素 下边内边距为 75 像素
padding:5px 10px 15px 25px;	上边内边距为 25 像素 右边内边距为 50 像素 下边内边距为 75 像素 左边内边距为 100 像素

案例 9-1 展示了内边距属性的使用方法。

案例 9-1　代码如下：

```
<!DOCTYPE html>
<html>
    <head>
        <meta charset="UTF-8">
        <title> 内边距 </title>
    </head>
    <style type="text/css">
    .box{
        display:inline-block;
        /*让元素的宽高为内容的宽高*/
        background-color:#008B8B;
        padding:20px 30px 40px 50px;
```

```
        color:white;
        font-weight:900;
    }
    </style>
    <body>
        <div class="box"> 盒子内容 </div>
    </body>
</html>
```

案例 9-1 的显示效果如图 9-2 所示。

图 9-2 盒子模型内边距的显示效果图

内边距用于设置元素内部的内容与元素边沿的距离，元素添加内边距之后会导致元素的宽高也随之增大，解决办法是从宽高值中减去内边距的值。

9.3 CSS 边框

CSS 边框使用 border 属性设置，该属性在第 8 章中已经介绍过。border 属性比较灵活，可以分别设置四个边的边框，而且边框的颜色、宽度和样式也可以单独设置。表 9-3 列出了边框的常用属性。

表 9-3 盒子模型边框的属性

属 性	描 述
border	同时设置四边的边框的宽度、样式、颜色
border-bottom	设置底边的边框的宽度、样式、颜色
border-left	设置左边的边框的宽度、样式、颜色
border-right	设置右边的边框的宽度、样式、颜色
border-top	设置顶边的边框的宽度、样式、颜色

边框中每个边的属性还可以再次拆分成边框颜色、边框样式、边框宽度 3 个属性，其语法如下：

```
border-top-style:solid;
border-top-color:#FFFFFF;
border-top-width:20px;
```

边框默认的样式为 solid 样式，表示实线边框。案例 9-2 展示了边框属性的使用方法。

案例 9-2 代码如下：

```
<!DOCTYPE html>
```

```
<html>
    <head>
        <meta charset="UTF-8">
        <title> 内边距 </title>
    </head>
    <style type="text/css">
    .box{
        display:inline-block;
        /*让元素的宽高为内容的宽高*/
        background-color:#008B8B;
        padding:20px;
        color:white;
        font-weight:900;
        /*可以先对四边设置统一的样式*/
        border:30px solid #8A2BE2;
        /*再对顶边设置单独的样式，后写的会覆盖先写的边框属性*/
        border-top:40px solid deeppink;
    }
    </style>
    <body>
        <div class="box"> 盒子内容 </div>
    </body>
</html>
```

案例 9-2 的显示效果如图 9-3 所示。

图 9-3　盒子模型边框的显示效果图

边框的宽度和内边距一样，默认也是在宽高之外额外增加的，因此也会导致元素的宽高增大。

假设四边的边框颜色都不一样，那么会出现什么样式呢？如果元素的宽高为零，又会出现什么样式呢？案例 9-3 展示了宽高为零的元素的四边边框的效果。

案例 9-3　代码如下：

```
<!DOCTYPE html>
<html>
    <head>
        <meta charset="UTF-8">
```

```
        <title> 边框 </title>
    </head>
    <style type="text/css">
    div{
        /*水平显示*/
        display:inline-block;
        /*水平顶对齐*/
        vertical-align:top;
    }
    .one{
        display:inline-block;
        border-left:20px solid red;
        border-right:25px solid green;
        border-top:30px solid blue;
        border-bottom:35px solid yellow;
    }
    .two{
        width:0;
        height:0;
        border-left:20px solid red;
        border-right:25px solid green;
        border-top:30px solid blue;
        border-bottom:35px solid yellow;
    }
    .three{
        width:0;
        height:0;
        border-left:20px solid transparent;
        /*透明色*/
        border-right:25px solid transparent;
        /*透明色*/
        border-top:30px solid blue;
    }
    </style>
    <body>
        <div class="one"> 有内容 </div>
        <div class="two"></div>
        <div class="three"></div>
    </body>
</html>
```

案例 9-3 的显示效果如图 9-4 所示。

图 9-4　边框制作三角形的显示效果图

当元素的宽高为零时，四边的边框紧贴在一起，每一个边框呈现三角形。如果去掉对立面的边框，再将相邻的两个边的边框设置成透明色，便可只保留某一个三角形。

在案例 9-3 中，边框使用默认的 solid 实线样式，除此以外，还有很多种边框的样式类型，如表 9-4 所示。

表 9-4　边框样式列表

值	描　述
none	没有边框
dotted	点状线边框
dashed	虚线
solid	实线
double	双线
groove	3D 凹槽边框
ridge	3D 垄状边框
inset	3D inset 边框
outset	3D outset 边框

案例 9-4 展示了各种边框的效果。

案例 9-4　代码如下：

```
<!DOCTYPE html>
<html>
    <head>
        <meta charset="UTF-8">
        <title> 边框 </title>
    </head>
    <style>
    .none{
        border-style:none;
    }
    .dotted{
        border-style:dotted;
    }
    .dashed{
        border-style:dashed;
```

```
        }
        .solid{
            border-style:solid;
        }
        .double{
            border-style:double;
        }
        .groove{
            border-style:groove;
        }
        .ridge{
            border-style:ridge;
        }
        .inset{
            border-style:inset;
        }
        .outset{
            border-style:outset;
        }
        .hidden{
            border-style:hidden;
        }
    </style>
    <body>
        <p class="none"> 无边框。</p>
        <p class="hidden"> 隐藏边框。</p>
        <p class="dotted"> 虚线边框。</p>
        <p class="dashed"> 虚线边框。</p>
        <p class="solid"> 实线边框。</p>
        <p class="double"> 双边框。</p>
        <p class="groove"> 凹槽边框。</p>
        <p class="ridge"> 垄状边框。</p>
        <p class="inset"> 嵌入边框。</p>
        <p class="outset"> 外凸边框。</p>
    </body>
</html>
```

案例 9-4 的显示效果如图 9-5 所示。

图 9-5　盒子模型边框的显示效果图

在案例 9-4 中，使用 <p> 标记是因为 <p> 标记自带外边距，仅仅是为了让每一个边框分离开，容易观察其显示效果。

9.3.1　边框圆角属性

HTML 中所有元素的边框默认都是矩形，但是也可以通过边框属性设置为圆角，甚至还可以使用边框的圆角实现椭圆形和圆形。可以使用 border-radius 属性设置元素边框的圆角。

border-radius 属性的语法如下：

```
border-radius:圆角半径;
```

可以一次性设置 4 个圆角的半径，也可以分别给 4 个角设置不同的圆角，只需要按照一定的顺序设置即可。这 4 个角的顺序为左上角、右上角、右下角、左下角，即按照顺时针方向从左上角开始转一圈。

表 9-5 描述了边框圆角属性的用法。

表 9-5　边框圆角属性

属　性	说　明
border-radius:25px;	四个角的圆角为 25 像素
border-radius:25px 50px;	左上角和右下角的圆角为 25 像素；右上角和左下角的圆角为 50 像素
border-radius:25px 50px 75px;	左上角的圆角为 25 像素；右上角和左下角的圆角为 50 像素；右下角的圆角为 75 像素
border-radius:25px 50px 75px 100px;	左上角的圆角为 25 像素；右上角的圆角为 50 像素；右下角的圆角为 75 像素；左下角的圆角为 100 像素

在使用边框圆角属性时，如果设置 1 个值，则表示同时设置 4 个角的圆角大小；如果设置 2 个值，则第 1 个值为左上角和右下角的圆角大小，第 2 个值为右上角和左下角的圆角大小；如果设置 3 个值，则第 1 个值为左上角的圆角大小，第 2 个值为右上角和左下角的圆角大小，第 3 个值为右下角的圆角大小。

案例 9-5 展示了边框圆角属性的使用方法。

案例 9-5　代码如下：

```
<!DOCTYPE html>
<html>
    <head>
        <meta charset="UTF-8">
        <title> 边框圆角 </title>
    </head>
    <style type="text/css">
    ul{
        list-style:none;
        margin:0;
        padding:0;
    }
    ul li{
        display:inline-block;
    }
    ul li img{
        width:100px;
    }
    .one img{
        border:10px inset deeppink;
        border-radius:10px 20px 30px 40px;
    }
    .two img{
        border-radius:10px;
        border:10px double green;
    }
    .three img{
        border-radius:50%;
        border:10px dotted brown;
    }
    </style>
    <body>
        <ul>
```

```
            <li class="one"><img src="avatar.jpg"/></li>
            <li class="two"><img src="avatar.jpg"/></li>
            <li class="three"><img src="avatar.jpg"/></li>
        </ul>
    </body>
</html>
```

案例 9-5 的显示效果如图 9-6 所示。

图 9-6 边框圆角的显示效果图

在网页设计中一定要善于利用边框和边框圆角的属性，合理的组合可以实现各种美观的设计和排版。

9.3.2 圆角制作椭圆和半圆

如果元素是长宽比例为 1:2 的矩形，则可以使用圆角制作成半圆形；如果元素为正方形，则可以使用圆角制作成圆形。

案例 9-6 展示了利用圆角属性制作半圆形、圆形（正圆）和椭圆形的方法。

案例 9-6 代码如下：

```
<!DOCTYPE html>
<html>
    <head>
        <meta charset="UTF-8">
        <title> 圆 </title>
    </head>
    <style type="text/css">
    .one{
        display:inline-block;
        background-color:red;
        width:200px;
        height:100px;
        /*左上角、右上角有圆角，不能使用百分比单位*/
        border-radius:100px 100px 0 0;
    }
```

```
    .two{
        display:inline-block;
        background-color:pink;
        width:100px;
        height:100px;
        /*4 个角的圆角为 50%*/
        border-radius:50%;
    }
    .three{
        display:inline-block;
        background-color:pink;
        width:200px;
        height:100px;
        /*4 个角的圆角为 50%*/
        border-radius:50%;
    }
    </style>
    <body>
        <div class="one"> 半圆 </div>
        <div class="two"> 正圆 </div>
        <div class="three"> 椭圆 </div>
    </body>
</html>
```

案例 9-6 的显示效果如图 9-7 所示。

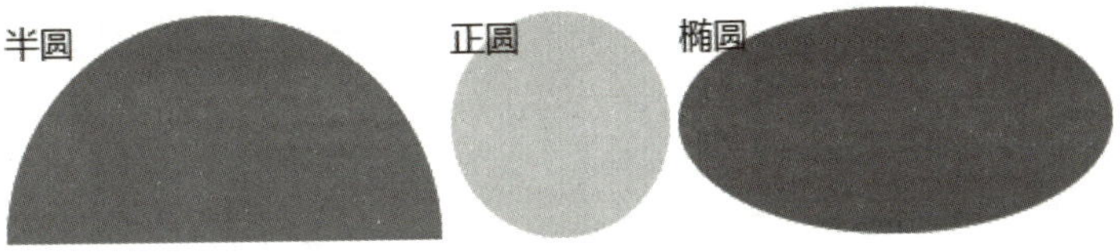

图 9-7　半圆形、圆形 (正圆) 和椭圆形的显示效果图

在制作半圆形时，圆角的值不能使用相对大小单位，只能使用绝对大小单位。在制作椭圆形时，不能使用绝对大小单位，只能使用相对大小单位。

9.3.3　内边距及边框融合属性

在默认情况下，内边距和边框在圆宽度之外，因此会导致元素整体的宽高增大，影响页面的排版。当需要严格规定元素的尺寸时，需要从宽高中减去内边距和边框的值。针对这种情况，还有一个解决方案就是使用 box-sizing 属性，该属性会将内边距和边框的值融合到元素的宽高之中，而不会额外增加元素的宽高值。

表 9-6 展示了 box-sizing 属性常用的两个值。

表 9-6 box-sizing 属性值

值	说 明
content-box	默认，元素的内边距和宽高的值不会融合到宽高之内
border-box	元素的内边距和宽高的值融合到宽高之内

合理运用 box-sizing 属性可以提高效率，避免过多的计算过程，在很多开发场景中都会使用 box-sizing 属性。案例 9-7 展示了 box-sizing 属性的使用方法。

案例 9-7 代码如下：

```
<!DOCTYPE html>
<html>
    <head>
        <meta charset="UTF-8">
        <title> 内边距及边框融合属性 </title>
    </head>
    <style type="text/css">
    ul{
        list-style:none;
        margin:0;
        padding:0;
        font-size:0;
        /*去除内联元素的默认间距*/
    }
    ul li{
        display:inline-block;
        /*变成内联区块元素，水平显示在一行*/
        width:25%;
        /*各占四分之一*/
        font-size:16px;
        padding:10px;
        /*添加内边距会增加元素的宽高*/
        border:double gray;
        box-sizing:border-box;
        /*融合元素的内边距*/
        background-color:rgba(0,0,0,0.1);
    }
    ul li div{
        height:80px;
    }
```

```
    ul li.one{
        background-color:red;
    }
    ul li.two{
        background-color:green;
    }
    ul li.three{
        background-color:blue;
    }
    ul li.four{
        background-color:brown;
    }
    </style>
    <body>
        <label> 实现一行显示 4 元素，并且每个元素之间相互分开 </label>
        <ul>
            <li>
                <div class="one"></div>
            </li>
            <li>
                <div class="two"></div>
            </li>
            <li>
                <div class="three"></div>
            </li>
            <li>
                <div class="four"></div>
            </li>
        </ul>
    </body>
</html>
```

案例 9-7 的显示效果如图 9-8 所示。

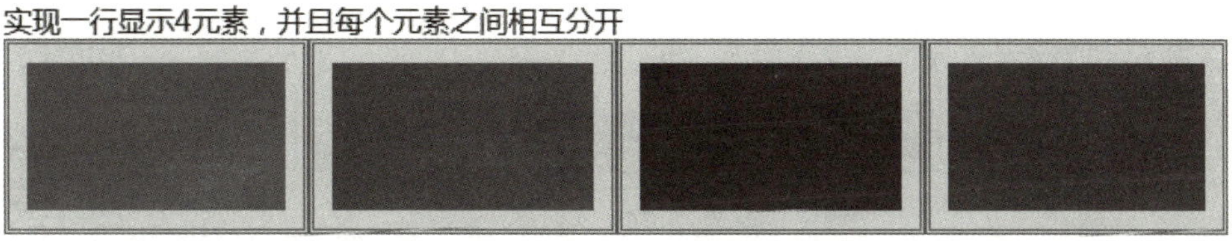

图 9-8　box-sizing 属性快速排版的显示效果图

box-sizing 属性可以在同行显示多个元素，且元素宽度自适应时非常实用。

9.4 CSS 轮廓

CSS 轮廓使用 outline 属性设置，轮廓位于边框的外围，主要是起到突出元素的作用。轮廓和边框不一样，轮廓不能单独设置某一边，必须同时设置 4 个边的轮廓，且不能添加轮廓的圆角。轮廓不占据额外空间，不会影响元素的宽度属性。如果轮廓宽度太大还会覆盖周围的元素的内容，因此在开发中轮廓使用较少。

表单元素默认带有轮廓，开发中经常需要去除表单元素自带的轮廓。轮廓的使用方法以及样式和边框一样，这里不再重复。案例 9-8 展示了轮廓属性的使用方法。

案例 9-8　代码如下：

```
<!DOCTYPE html>
<html>
    <head>
        <meta charset="UTF-8">
        <title> 轮廓 </title>
    </head>
    <style type="text/css">
    .outline{
        color: white;
        background-color:#008B8B;
        /*多个元素时同行显示元素*/
        display:inline-block;
        /*多个元素的轮廓会相互覆盖*/
        outline:10px double deeppink;
    }
    </style>
    <body>
        <div class="outline"> 带有轮廓的元素 </div>
        <div class="outline"> 带有轮廓的元素 </div>
        <div class="outline"> 带有轮廓的元素 </div>
    </body>
</html>
```

案例 9-8 的显示效果如图 9-9 所示。

图 9-9　轮廓的显示效果图

虽然轮廓不占据空间，但是使用不方便，大多数只会给元素 1～2 个像素大小的轮廓，起突出强调作用，否则不会使用轮廓。

9.5　CSS 外边距

CSS 外边距使用 margin 属性设置，外边距是元素之间的距离，可以将两个元素分隔开，甚至外边距还可以调整元素的位置。

外边距的语法和内边距一样，也可以单独设置一边的外边距，或者同时设置多个边的外边距。外边距的属性如表 9-7 所示。

表 9-7　外边距属性

属　性	描　述
margin	简写属性，在一个声明中设置所有外边距属性
margin-bottom	设置元素的下外边距
margin-left	设置元素的左外边距
margin-right	设置元素的右外边距
margin-top	设置元素的上外边距

外边距和内边距不同的是，外边距在元素外部，不受元素背景颜色的影响。

需要注意的是，body 元素自带外边距，开发中可以根据需要选择将其去除，去除外边距的方法是将外边距设置为零。

案例 9-9 展示了使用外边距调整元素间距的方法。

案例 9-9　代码如下：

```
<!DOCTYPE html>
<html>
    <head>
        <meta charset="UTF-8">
        <title> 外边距 </title>
    </head>
    <style type="text/css">
    ul{
        margin:0;
        padding:0;
        list-style:none;
    }
    ul li{
        display:inline-block;
        width:100px;
        height:60px;
        background-color:red;
```

```
        /*设置每一个 li 之间的外边距为 20 像素*/
        margin:20px;
    }
    </style>
    <body>
        <ul>
            <li></li>
            <li></li>
            <li></li>
            <li></li>
        </ul>
    </body>
</html>
```

案例 9-9 的显示效果如图 9-10 所示。

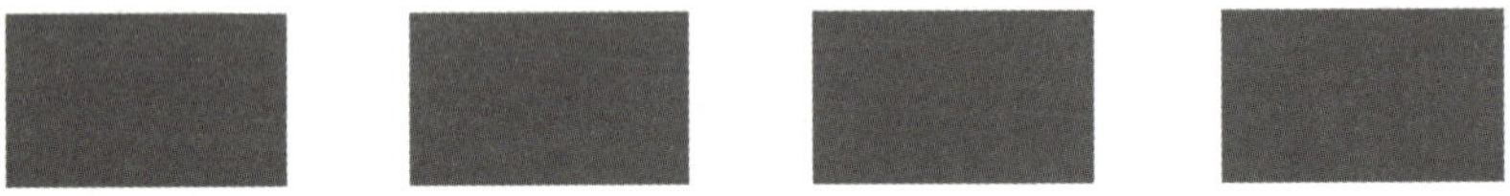

图 9-10　外边距的显示效果图

在案例 9-9 中，每个元素的外边距为 20 像素，且每个元素的外边距会叠加，因此两个元素之间的距离实际上是 40 像素。

9.5.1　外边距调整元素位置

外边距会使元素的位置发生变化，如元素向右或向下移动。

在元素左对齐的情况下，如果给元素添加左边的外边距，则元素会向右移动；如果给元素添加上边的外边距，则元素会向下移动；如果外边距为负值，则移动方向相反。

在元素右对齐的情况下，如果给元素添加右边的外边距，则元素会向左移动；如果给元素添加上边的外边距，则元素会向下移动；如果外边距为负值，则移动方向相反。

虽然外边距可以调整元素的位置，但是不推荐这样使用，而是推荐使用第 10 章的定位属性来调整元素的位置。

案例 9-10 展示了使用外边距调整元素位置的方法。

案例 9-10　代码如下：

```
<!DOCTYPE html>
<html>
    <head>
        <meta charset="UTF-8">
        <title> 外边距导致移动元素 </title>
    </head>
    <style type="text/css">
```

```
        div{
            background-color:#008B8B;
        }
        .one{
            margin-left:100px;
        }
        .two{
            margin-top:10px;
        }
        .three{
            margin-bottom:20px;
        }
        .four{
            margin-left:-20px;
        }
        </style>
        <body>
            <div class="one"> 左外边距正值，元素向右移动 </div>
            <div class="two"> 顶外边距正值，元素向下移动 </div>
            <div class="three"> 底外边距正值，影响下面的元素 </div>
            <div class="four"> 左外边距负值，元素向左移动 </div>
        </body>
</html>
```

案例 9-10 的显示效果如图 9-11 所示。

图 9-11　外边距调整元素位置的显示效果图

9.5.2　外边距合并

在某些情况下，外边距会被合并，这是正常现象，我们需要了解什么时候外边距会合并，这样在开发中才能提出针对性的解决方法。

下面列出了外边距合并的两种情形：

(1) 当下级元素的顶部和上级元素的顶部紧贴在一起 (即中间没有任何内容，包括空白) 时，下级元素的顶部外边距会和上级元素的顶部外边距合并，最终合并成上级元素的外边距，而下级元素的外边距消失。

(2) 同级的相邻两个元素，上一个元素的底部外边距和下一个元素的顶部外边距会合并，最终两个元素之间的外边距不是相加，而是变成两个元素中外边距的较大者。

情形 (1) 中外边距合并的原因是上下级两个元素紧贴在一起，如果它们不贴在一起自然就不会合并。因此针对情形 (1) 中外边距合并提出以下解决方案：

① 在上级元素和下级元素之间插入一个其他元素使之分离，如添加
 元素，注意添加的元素的高度不能为零。

② 给上级元素添加 padding:0.1px; 属性，虽然只隔开了 0.1 个像素，但是目的也达到了，而且几乎可以忽略不计。

③ 在下级元素中使用 padding-top 属性来代替上级元素的 margin-top 属性。

情形 (2) 中外边距合并的原因是同级两个元素紧贴在一起，如果不贴在一起自然也不会合并。因此，针对情形 (2) 中外边距合并提出以下解决方案：

① 在同级两个元素之间插入一个其他元素使之分离，如添加
 元素，注意添加的元素的高度不能为零。

② 只给同级两个元素中的一个添加外边距，如给第一个元素添加底部外边距，或者给第 2 个元素添加顶部外边距。

案例 9-11 展示了解决外边距合并的使用方法。

案例 9-11 代码如下：

```
<!DOCTYPE html>
<html>
    <head>
        <meta charset="UTF-8">
        <title> 外边距合并 </title>
    </head>
    <style type="text/css">
    .parent{
        background-color:rgba(0,0,0,0.1);
    }
    .parent.child-1{
        color:white;
        background-color:green;
        margin-top:30px;
        margin-bottom:40px;
    }
    .parent.child-2{
        color:white;
        background-color:#8B0000;
        margin-top:30px;
    }
    </style>
    <body>
        <div class="parent">
```

```
            <div class="child-1"> 这一个子元素因为和上级的顶部紧紧贴在一起，所以导致顶部外边距合并 </div>
            <div class="child-2"> 第二个子元素和第一个子元素是兄弟元素，并且也贴在一起，<br> 会导致第二个子元素的顶部外边距和第一个元素的底部外边距合并 </div>
        </div>
    </body>
</html>
```

案例 9-11 的显示效果如图 9-12 所示。

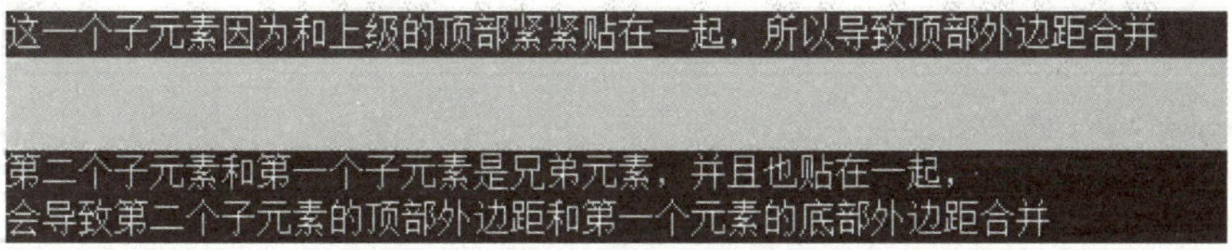

这一个子元素因为和上级的顶部紧紧贴在一起，所以导致顶部外边距合并
第二个子元素和第一个子元素是兄弟元素，并且也贴在一起，
会导致第二个子元素的顶部外边距和第一个元素的底部外边距合并

图 9-12　外边距合并的显示效果图

在案例 9-11 中，原本顶部 30 个像素的外边距是绿色文字的，现在却变成了上级元素的外边距。正常情况下两个相邻元素间的外边距应该是 40 + 30 = 70 像素，但是此时变成了 40 像素，选择了两个外边距中的较大值。

9.6　CSS 盒子阴影

CSS 盒子的阴影和文字的阴影类似，只不过盒子阴影是整个元素的阴影，利用阴影效果可以实现各种立体特效。

设置盒子的阴影使用 box-shadow 属性。box-shadow 属性的语法如下：

```
box-shadow:水平偏移 垂直偏移 阴影模糊像素 阴影大小 阴影颜色 内置阴影;
```

盒子阴影同样可以设置多重阴影，多重阴影使用逗号分隔。不同的是，盒子阴影多了阴影大小和内置阴影两个属性。表 9-8 展示了盒子阴影的各个属性值。

表 9-8　盒子阴影属性值

值	说　明
h-shadow	必需，阴影在水平方向上的偏移，正值向右偏移，负值向左偏移
v-shadow	必需，阴影在垂直方向上的偏移，正值向下偏移，负值向上偏移
blur	可选，阴影的模糊像素，值越大越模糊
spread	可选，阴影的缩放，正值放大，负值缩小
color	可选，阴影的颜色
inset	可选，将阴影设置为内置阴影，默认不写时是外置阴影

如果盒子阴影居中显示，不向任何一个方向偏移，也不模糊，那么盒子的阴影效果和边框的效果差不多。

案例 9-12 展示了盒子的底部阴影效果。

案例 9-12　代码如下：

```
<!DOCTYPE html>
<html>
    <head>
        <meta charset="UTF-8">
        <title> 盒子阴影 </title>
    </head>
    <style type="text/css">
    ul{
        margin:0;
        padding:0;
        list-style:none;
        font-size:0;
    }
    ul li{
        display:inline-block;
        width:25%;
        padding:10px;
        box-sizing:border-box;
    }
    ul li img{
        width:100%;
        border:double pink;
        box-shadow:0 1px 3px 1px rgba(255,0,0,0.6),0 5px 6px 0px rgba(0,0,255,0.6);
    }
    </style>
    <body>
        <ul>
            <li><img src="avatar.jpg"/></li>
            <li><img src="avatar.jpg"/></li>
            <li><img src="avatar.jpg"/></li>
            <li><img src="avatar.jpg"/></li>
        </ul>
    </body>
</html>
```

案例 9-12 的显示效果如图 9-13 所示。

图 9-13　底部阴影的显示效果图

盒子的阴影效果可以给任何元素添加，如果给图片添加还可以制作成各种相框效果。

拓展作业

1. 使用边框属性实现如图 9-14 所示的效果，使用 3 × 3 共 9 个元素分别制作而成。

图 9-14　图案效果示例图

2. 实现如图 9-15 所示的导航栏，鼠标悬停以及鼠标点击都有不同特效，自我发挥。

图 9-15　导航栏示例图 1

3. 实现如图 9-16 所示的导航栏，鼠标悬停以及鼠标点击都有不同特效，自我发挥。

图 9-16　导航栏示例图 2

第10章 CSS 定位布局

学习目标

1. 了解定位的概念。
2. 掌握浮动属性的特征。
3. 掌握不同定位属性的特征。
4. 掌握调整元素位置的方法。
5. 掌握各种页面布局的技巧。

学习内容

在第 7 章中提到过，HTML 中的所有元素都可以分成两个部分，一部分是元素所占据的空间，另一部分是元素显示的内容。

在本章中，我们必须牢记这个特性，在分析浮动属性和定位属性时也要用到该特性。

10.1 CSS 浮动属性

浮动属性的作用是将元素浮动到左边或浮动到右边，但不能浮动到中间。HTML 中 <img> 标记的 align="left" 和 align="right" 属性就是浮动的效果。表 10-1 列举了浮动属性值的特征。

表 10-1 浮 动 属 性

属 性	描 述
float	left：使当前元素浮动到左边 right：使当前元素浮动到右边 none：没有浮动，默认 浮动的元素的内容会影响其后的元素的正常排版

浮动元素向左或向右浮动后，浮动元素所在的空间将脱离原本的文档流而不可见，但是其内容会正常显示，最终导致其内容将周围其他元素的内容挤压到两边。

如果是左浮动，则其周围元素的内容会被挤压到右边。如果是右浮动，则其周围元素的内容会被挤压到左边。

这里涉及“文档流”这个新概念。文档流指的是 HTML 文件中的代码像流水一样，按照从上到下、从左到右的顺序先后执行和排版。如果元素脱离了文档流，就不受从上往下，从左往右的默认排版方式的约束，并且有可能会浮在其他元素内容之上。

案例 10-1 展示了图片浮动排版的效果。

案例 10-1　代码如下：

```
<!DOCTYPE html>
<html>
    <head>
        <meta charset="UTF-8">
        <title> 浮动 </title>
    </head>
    <style type="text/css">
    img{
        float:right;
    }
    </style>
    <body>
        <img src="image/libai.jpg"width="120"/>
        <p> 君不见黄河之水天上来，奔流到海不复回。君不见高堂明镜悲白发，朝如青丝暮成雪。
人生得意须尽欢，莫使金樽空对月。天生我材必有用，千金散尽还复来。烹羊宰牛且为乐，会须一饮三百杯。
岑夫子，丹丘生，将进酒，君莫停。与君歌一曲，请君为我倾耳听。钟鼓馔玉何足贵，但愿长醉不复醒。
古来圣贤皆寂寞，惟有饮者留其名。陈王昔时宴平乐，斗酒十千恣欢谑。主人何为言少钱，径须沽取对君酌。
五花马，千金裘，呼儿将出换美酒，与尔同销万古愁。 </p>
    </body>
</html>
```

案例 10-1 的显示效果如图 10-1 所示。

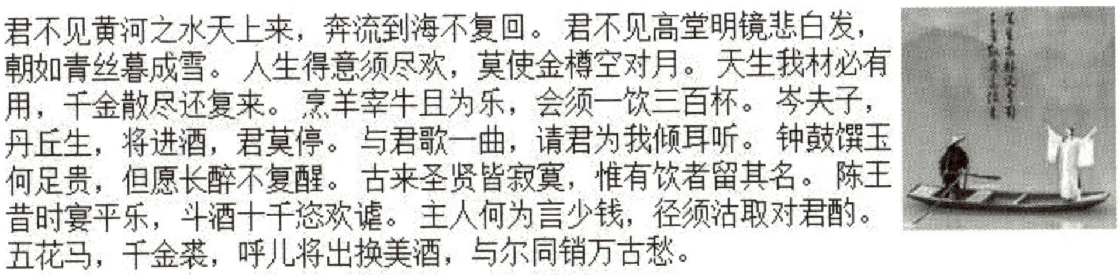
君不见黄河之水天上来，奔流到海不复回。君不见高堂明镜悲白发，
朝如青丝暮成雪。人生得意须尽欢，莫使金樽空对月。天生我材必有
用，千金散尽还复来。烹羊宰牛且为乐，会须一饮三百杯。岑夫子，
丹丘生，将进酒，君莫停。与君歌一曲，请君为我倾耳听。钟鼓馔玉
何足贵，但愿长醉不复醒。古来圣贤皆寂寞，惟有饮者留其名。陈王
昔时宴平乐，斗酒十千恣欢谑。主人何为言少钱，径须沽取对君酌。
五花马，千金裘，呼儿将出换美酒，与尔同销万古愁。

图 10-1　图片浮动排版的显示效果图

图片浮动后，图片将脱离文档流，导致其空间不消失，但是图片的内容依然存在。因此图片的内容把 <p> 标记中的内容挤到左边，但是 <p> 标记元素本身的空间不变，所有 <p> 标记的宽度不变、高度增加。看起来图片仿佛变成了 <p> 标记内容的一部分。

10.1.1 CSS 清除浮动

由于浮动元素会影响其后面元素的正常排版，因此很多时候需要清除浮动元素的影响。清除浮动属性通常是给浮动元素后面的元素添加的。

如果元素是左浮动，就需要清除左浮动的影响；如果元素是右浮动，就需要清除右浮动的影响。当然也可以使用 both 值同时清除左浮动和右浮动。表 10-2 列举了清除浮动属性值的特征。

表 10-2 清除浮动属性值的特征

属 性	描 述
clear	left：清除当前元素上面的向左浮动元素的影响 right：清除当前元素上面的向右浮动元素的影响 both：同时清除当前元素上面的向左和向右浮动元素的影响

清除了浮动元素的影响后，该元素会另起一行显示，不会和浮动元素显示在同一行，这也是清除浮动的本质。

案例 10-2 展示了清除浮动后的效果。

案例 10-2 代码如下：

```
<!DOCTYPE html>
<html>
    <head>
        <meta charset="UTF-8">
        <title> 浮动 </title>
    </head>
    <style type="text/css">
    img{
        float:right;
    }
    p{
        clear:both;
    }
    </style>
    <body>
        <img src="image/libai.jpg"width="120"/>
        <p> 君不见黄河之水天上来，奔流到海不复回。君不见高堂明镜悲白发，朝如青丝暮成雪。
人生得意须尽欢，莫使金樽空对月。天生我材必有用，千金散尽还复来。烹羊宰牛且为乐，会须一饮三百杯。
岑夫子，丹丘生，将进酒，君莫停。与君歌一曲，请君为我倾耳听。钟鼓馔玉何足贵，但愿长醉不复醒。
古来圣贤皆寂寞，惟有饮者留其名。陈王昔时宴平乐，斗酒十千恣欢谑。主人何为言少钱，径须沽取对君酌。
```

```
五花马，千金裘，呼儿将出换美酒，与尔同销万古愁。 </p>
        </body>
    </html>
```

案例 10-2 的显示效果如图 10-2 所示。

君不见黄河之水天上来，奔流到海不复回。君不见高堂明镜悲白发，朝如青丝暮成雪。人生得意须尽欢，莫使金樽空对月。天生我材必有用，千金散尽还复来。烹羊宰牛且为乐，会须一饮三百杯。岑夫子，丹丘生，将进酒，君莫停。与君歌一曲，请君为我倾耳听。钟鼓馔玉何足贵，但愿长醉不复醒。古来圣贤皆寂寞，惟有饮者留其名。陈王昔时宴平乐，斗酒十千恣欢谑。主人何为言少钱，径须沽取对君酌。五花马，千金裘，呼儿将出换美酒，与尔同销万古愁。

图 10-2　清除浮动后的显示效果图

在案例 10-2 中，因为给 <p> 标记添加了 clear:both; 属性，所以 <p> 标记另起一行显示。表面上看，清除浮动后的显示效果类似于换行显示。

10.1.2　CSS 浮动排版

如果同时浮动多个连续的元素，那么这些浮动后的元素会默认显示到同一行，先浮动的元素先显示。利用这一特性，可以实现多个元素水平排版，如实现水平菜单、同行显示多个元素等。但是利用浮动排版时需要注意的是，浮动元素脱离了原本的文档流导致其空间不可见，因而导致浮动元素的父元素的高度变化，常见的问题是浮动元素的上级父元素的背景颜色看不见，这个问题在案例 10-3 中给出了解决方案。

案例 10-3　代码如下：

```
<!DOCTYPE html>
<html>
    <head>
        <meta charset="UTF-8">
        <title> 浮动排版 </title>
    </head>
    <style type="text/css">
    ul{
        list-style:none;
        margin:0;
        padding:0;
        /*ul 的所有 li 都浮动了，全都脱离了原本的文档流，*/
        /* 导致 ul 内部没有在文档流中的子元素，所以 ul 的高度变为 0*/
```

```
        /*因此添加背景颜色也看不到*/
        /*解决方法是让 ul 的高度变为内容的高度，内容即是子元素 li 的内容*/
        /*解决方案 1：更改 ul 元素的显示方式，更改显示方式会重新渲染 ul*/
        display:inline-block;
        /*这里的显示方式有很多，现在只学了这个*/
        background-color:pink;
    }
    ul li a{
        text-decoration:none;
        /*有 a 标记时，文字颜色一定要单独给 a 标记设置*/
        color:white;
    }
    ul li{
        /*多个连续元素同时浮动，会显示在同一行*/
        float:left;
        background-color:#008000;
        padding:6px10px;
        margin:4px;
        border-radius:6px;
    }
</style>
<body>
    <ul>
        <li>
            <a href=""> 菜单 1</a>
        </li>
        <li>
            <a href=""> 菜单 2</a>
        </li>
        <li>
            <a href=""> 菜单 3</a>
        </li>
        <li>
            <a href=""> 菜单 4</a>
        </li>
        <li>
            <a href=""> 菜单 5</a>
        </li>
        <li>
```

```
                <a href=""> 菜单 6</a>
            </li>
        </ul>
        <p> 浮动元素后面的内容，不再受到浮动的影响 </p>
    </body>
</html>
```

案例 10-3 的显示效果如图 10-3 所示。

图 10-3　浮动实现水平菜单的显示效果图

在案例 10-3 中，<ul> 标记中的所有 <li> 标记都浮动后，导致 <ul> 标记的高度变为零，因此看不见 <ul> 标记的背景颜色。

“解决方案 1”更改 <ul> 标记的显示方式为 inline-block，利用内联元素的高度为内容的高度这一特性，让 <ul> 标记的高度变成了其内 <li> 标记的高度。“解决方案 1”适用于内联元素的场景，那如何在不改变 <ul> 标记的显示方式的情况下，保留 <ul> 标记的区块元素特征，还能解决浮动的问题呢？案例 10-4 给出了第二种解决方案。

案例 10-4　代码如下：

```
<!DOCTYPE html>
<html>
    <head>
        <meta charset="UTF-8">
        <title> 浮动排版 </title>
    </head>
    <style type="text/css">
    ul{
        list-style:none;
        margin:0;
        padding:0;
        /*ul 的所有 li 都浮动了，全都脱离了原本的文档流，*/
        /*导致 ul 内部没有在文档流中的子元素，所以 ul 的高度变为 0*/
        /*因此添加背景颜色也看不到*/
        /*解决方法是让 ul 的高度变为内容的高度，内容即是子元素 li 的内容*/
        /*解决方案 2：使用 overflow 属性重新设置元素显示方式*/
        overflow:auto;
        /*原理和方案 1 相同*/
        background-color: pink;
```

```
        }
        ul li a{
            text-decoration:none;
            /*有 a 标记时，文字颜色一定要单独给 a 标记设置*/
            color:white;
        }
        ul li{
            /*多个连续元素同时浮动，会显示在同一行*/
            float:left;
            background-color:#008000;
            padding:6px10px;
            margin:4px;
            border-radius:6px;
        }
        </style>
        <body>
            <ul>
                <li>
                    <a href=""> 菜单 1</a>
                </li>
                <li>
                    <a href=""> 菜单 2</a>
                </li>
                <li>
                    <a href=""> 菜单 3</a>
                </li>
                <li>
                    <a href=""> 菜单 4</a>
                </li>
                <li>
                    <a href=""> 菜单 5</a>
                </li>
                <li>
                    <a href=""> 菜单 6</a>
                </li>
            </ul>
            <p> 浮动元素后面的内容，不再受到浮动的影响 </p>
        </body>
    </html>
```

案例 10-4 的显示效果如图 10-4 所示。

图 10-4 浮动实现水平菜单的显示效果图

在案例 10-4 中，“解决方案 2”使用 overflow 属性让 <ul> 标记的高度也变成了其内 <li> 标记的高度。虽然 overflow 属性没有明确的设置 <ul> 标记的高度，但是由于有了 overflow: auto; 属性，在无形中计算出了 <ul> 标记的内容高度。

两种方案的原理是一样的，都是使浮动元素的上级元素重新渲染，相当于刷新显示，让父元素的高度根据浮动元素的内容高度自适应。根据此原理，建议自己测试一下是否有其他属性也能解决此问题。

10.2 CSS 定位属性

CSS 定位属性主要用于设置元素的位置，实现复杂的排版，可以根据不同的参照物调整元素的位置。CSS 定位属性为 position，其常用的属性值如表 10-2 所示。

表 10-2 定位属性值

属 性	描 述
static	静态定位，默认值，就是没有定位
relative	相对定位，相对当前元素默认位置来调整元素新的位置
fixed	固定定位，相对整个浏览器窗口来调整元素新的位置
absolute	绝对定位，相对于上级已经定位的元素的位置来调整元素新的位置

一旦给元素添加了定位属性，便可以使用 top 属性、bottom 属性、left 属性和 right 属性来设置元素的位置。这 4 个属性可以设置元素距离顶部、底部、左边和右边的距离，类似于 margin 属性，但比 margin 属性更强大，且不会影响其他元素的排版。

静态定位的元素会出现在正常的文档流中，因此不能使用 top 属性、bottom 属性、left 属性和 right 属性。表 10-3 是 4 个属性的说明。

表 10-3 定位位置属性

属 性	描 述
left	设置元素距离参照物左边的距离，正值元素向右移动，负值元素向左移动
right	设置元素距离参照物右边的距离，正值元素向左移动，负值元素向右移动
top	设置元素距离参照物顶边的距离，正值元素向下移动，负值元素向上移动
bottom	设置元素距离参照物底边的距离，正值元素向上移动，负值元素向下移动

10.2.1 相对定位

相对定位的参照物是元素自身，在元素自身原本位置上下左右移动。相对定位元素在默认文档流中，所以其空间依然存在，和没有添加定位属性时一样，可以使用 top 属性、bottom 属性、left 属性和 right 属性来设置元素的位置。相对定位元素的内容会显示在最上层，覆盖在没有定位元素的内容之上。

案例 10-5 展示了相对定位的使用方法。

案例 10-5 代码如下：

```
<!DOCTYPE html>
<html>
    <head>
        <meta charset="UTF-8">
        <title> 相对定位 </title>
    </head>
    <style type="text/css">
    .relative{
        background-color:red;
        position:relative;
        /*距离元素自身顶部的间距为 50 像素，元素被间距挤压往下移动*/
        top:50px;
        /*距离元素自身左边的间距为 60 像素，元素被间距挤压往右移动*/
        left:60px;
    }
    </style>
    <body>
        <p> 相对定位之前的内容 </p>
        <div class="relative"> 相对定位的元素 </div>
        <p> 相对定位之后的内容 </p>
    </body>
</html>
```

案例 10-5 的显示效果如图 10-5 所示。

图 10-5 相对定位的显示效果图

在案例 10-5 中，相对定位元素的空间依然在初始位置，但是其内容往右下角移动了，移动后的元素内容会覆盖其他非定位元素的内容。

10.2.2　固定定位

固定定位元素的参照物是浏览器窗口，其跟随页面的滚动而移动，常用于实现导航栏、广告等。固定定位的元素会脱离默认文档流，导致元素的空间不消失，其内容也会显示在最上层，覆盖在没有定位元素的内容之上。固定定位元素的宽度为内容的宽度，高度也是内容的高度。如果希望固定定位元素的宽度为 100%，则必须设置宽高属性。

案例 10-6 展示了固定定位属性的使用方法。

案例 10-6　代码如下：

```
<!DOCTYPE html>
<html>
    <head>
        <meta charset="UTF-8">
        <title> 固定定位 </title>
        <style type="text/css">
        ul{
            list-style-type:none;
            margin:0;
            padding:0;
            text-align:center;
            background-color:#DC143C;
            width:100%;
            position:fixed;
            /*固定定位*/
            top:0;
            /*距离浏览器窗口顶部的距离为 0 像素*/
            left:0;
            /*距离浏览器窗口左边的距离为 0 像素*/
        }
        li{
            display:inline-block;
            margin:6px;
            padding:10px 20px;
            background-color:rgba(0,0,255,0.5);
            color:white;
            font-weight:bold;
            border-radius:6px;
        }
        li:hover{
            background-color:rgba(0,255,0,0.5);
```

```
            cursor:pointer;
        }
        h4{
            text-align:center;
            margin-top:800px;
        }
        </style>
    </head>
    <body>
        <ul>
            <li> 首页 </li>
            <li> 动态 </li>
            <li> 新闻 </li>
            <li> 联系 </li>
        </ul>
        <h4> 底部 </h4>
    </body>
</html>
```

案例 10-6 的显示效果如图 10-6 所示。

图 10-6 固定定位菜单的显示效果图

固定定位元素永远固定不动，就算页面滚动也不会动，适合制作各种在页面上固定不动的元素。

10.2.3 绝对定位

绝对定位元素的参照物是最近的已定位的父元素，如果没有已定位的父元素，最终会相对于 <html> 标记。绝对定位元素会脱离默认文档流，导致元素的空间不消失，其内容也会显示在最上层，覆盖在没有定位元素的内容之上。绝对定位元素的宽度为内容的宽度，高度也是内容的高度。如果希望绝对定位元素的宽度为 100%，则必须设置宽高属性。

案例 10-7 展示了绝对定位属性的使用方法。

案例 10-7 代码如下：

```
<!DOCTYPE html>
<html>
    <head>
        <meta charset="UTF-8">
        <title> 绝对定位 </title>
    </head>
```

```
        <style type="text/css">
        .parent{
            height:250px;
            background-color:pink;
            position:relative;
            /*加了定位后，作为子元素绝对定位*/
        }
        .parent.child-1{
            background-color:#00FFFF;
        }
        .parent.absolute{
            position:absolute;
            background-color:#DC143C;
            color:white;
            left:100px;
            /*距离父元素的左边 100 像素*/
            top:10px;
            /*距离父元素的右边 10 像素*/
        }
        </style>
        <body>
            <div class="parent">
                <div class="child-1"> 第一个子元素 </div>
                <div class="absolute"> 绝对定位元素 </div>
            </div>
        </body>
    </html>
```

案例 10-7 的显示效果如图 10-7 所示。

图 10-7　绝对定位的显示效果图

在案例 10-7 中，绝对定位元素相对于其上级元素的左边，向右移动 100 像素；相对于其上级元素的顶部，向下移动 10 像素。如果移动的距离过大，绝对定位元素的内容也会超出其上级元素的范围。

10.2.4 元素重叠

定位后的元素的层级都会高于没有定位的元素的层级，所以其内容会覆盖没有定位的元素的内容。如果有多个定位的元素，则会根据元素在文档流中的顺序，后面的元素覆盖在前面的元素之上。

如果想要调整默认的覆盖顺序，则需要使用 z-index 属性来指定每个元素的堆叠顺序，其值越大层级越高，会显示在最上层。堆叠顺序的值可以是负数，默认值为 0。

案例 10-8 展示了多个定位元素的覆盖层级。

案例 10-8 代码如下：

```
<!DOCTYPE html>
<html>
    <head>
        <meta charset="UTF-8">
        <title> 定位重叠元素 </title>
    </head>
    <style type="text/css">
    .one{
        background-color:#FF69B4;
        position:relative;
        height:100px;
        z-index:-1;
    }
    .two{
        background-color:cadetblue;
        position:absolute;
        height:60px;
        left:100px;
        top:20px;
        z-index:5;
    }
    .three{
        background-color:#FF0000;
        position:fixed;
        height:30px;
        left:120px;
```

```
            top:40px;
            z-index:10;
        }
        </style>
        <body>
            <div class="one">z-index:-1</div>
            <div class="two">z-index:5</div>
            <div class="three">z-index:10</div>
        </body>
</html>
```

案例 10-8 的显示效果如图 10-8 所示。

图 10-8　元素重叠的显示效果图

如果 z-index 的值为负数，则该元素的内容将会显示在没有定位元素的下面。

10.2.5　绝对居中

固定定位元素和绝对定位元素均可以实现绝对居中，在水平绝对居中需要使用 width 属性、left 属性、right 属性和 margin 属性，在垂直绝对居中需要使用 height 属性、left 属性、right 属性和 margin 属性。

案例 10-9 展示了绝对居中的使用方法。

案例 10-9　代码如下：

```
<!DOCTYPE html>
<html>
    <head>
        <meta charset="UTF-8">
        <title> 绝对居中 </title>
    </head>
    <style type="text/css">
    .parent{
        position:relative;
        background-color:pink;
        height:100px;
    }
    .parent.child-1{
```

```
        color:white;
        background-color:#55AAFF;
        position:absolute;
        /*水平绝对居中*/
        width:250px;
        left:0;
        right:0;
        margin-left:auto;
        margin-right:auto;
        /*垂直绝对居中*/
        height:30px;
        top:0;
        bottom:0;
        margin-top:auto;
        margin-bottom:auto;
    }
    .parent.child-2{
        color:white;
        position:fixed;
        background-color:#8B0000;
        /*水平和垂直绝对居中简写*/
        width:250px;
        height:30px;
        left:0;
        right:0;
        top:0;
        bottom:0;
        margin:auto;
    }
    </style>
    <body>
        <div class="parent">
            <div class="child-1">绝对定位在上级元素中绝对居中</div>
            <div class="child-2">固定定位在整个窗口中绝对居中</div>
        </div>
    </body>
</html>
```

案例 10-9 的显示效果如图 10-9 所示。

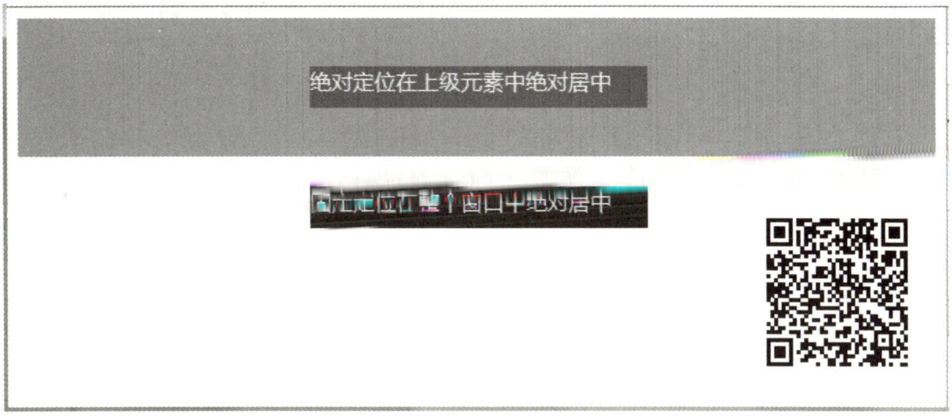

图 10-9　绝对居中的显示效果图

在使用绝对居中时，一定要添加宽高属性，否则元素默认会放大并且铺满整个浏览器窗口。

拓展作业

1. 实现如图 10-10 所示的效果。

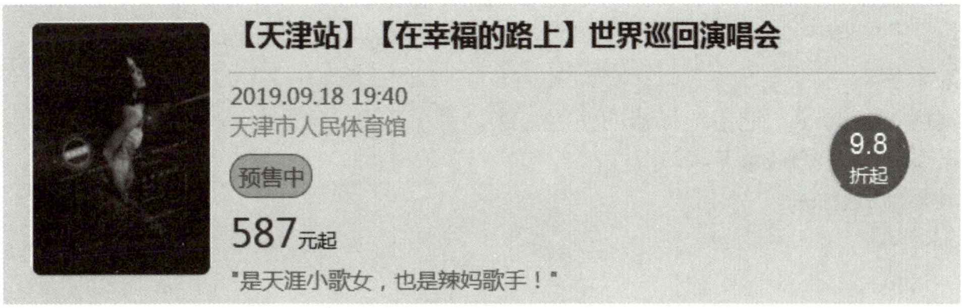

图 10-10　显示效果示例图

2. 实现如图 10-11 所示的八卦图，使用半圆和圆拼凑而成，注意堆叠的顺序。

图 10-11　八卦图示例

第 11 章　CSS 多元选择器

学习目标

1. 掌握 CSS 多元选择器的使用。
2. 掌握 CSS 特效制作的技巧。

学习内容

11.1　通用选择器

通用选择器可以给所有元素添加样式，但是通用选择器的优先级最低，会被其他选择器覆盖，一般用于全局设置，比如去除所有元素的默认外边距和内边距，通用选择器使用“*”来表示。

案例 11-1 展示了通用选择器的使用方法。

案例 11-1　代码如下：

```
<!DOCTYPE html>
<html>
    <head>
        <meta charset="UTF-8">
        <title> 通用选择器【*】</title>
    </head>
    <style type="text/css">
    *{
        list-style:none;
        text-decoration:none;
        margin:0;
        padding:0;
    }
    </style>
    <body>
        <h1> 标题默认带有外边距 </h1>
```

```
        <p> 段落也默认带有外边距 </p>
        <a href=""> 超链接默认带有下画线 </a>
        <ul>
            <li> 列表默认带有内边距和外边距 </li>
        </ul>
    </body>
</html>
```

案例 11-1 的显示效果如图 11-1 所示。

标题默认带有外边距
段落也默认带有外边距
超链接默认带有下画线
列表默认带有内边距和外边距

图 11-1　通用选择器的显示效果图

在案例 11-1 中，使用通用选择器去除了所有元素的列表标记、内外边距和下画线。

11.2　多条件选择器

多条件指的是同一个元素兼备多种选择器，用于更加精确地选择元素，使用时多个选择器之间不能使用空格隔开，而是直接连成一个字符串。如 div#a.b 表示选择 id 属性为 a，且 class 属性为 b 的 div 元素，需要同时满足这 3 种选择器。

案例 11-2 展示了多条件选择器的使用方法。

案例 11-2　代码如下：

```
<!DOCTYPE html>
<html>
    <head>
        <meta charset="UTF-8">
        <title> 多条件选择器 </title>
    </head>
    <style type="text/css">
    /*优先级高，覆盖 div#aa 的属性*/
    div#aa.bb{
        background-color:red;
        color:white;
    }
    /*优先级低，被 div#aa.bb 的属性覆盖*/
```

```
        div#aa{
            background-color:blue;
            color:white;
        }
        /*分组选择器，表示给不同的多个选择器设置相同的样式*/
        #cc,.bb{
            color:blue;
        }
        </style>
        <body>
            <div id="aa"class="bb"> id="aa" 并且 class="bb" 的 div 元素 </div>
            <div class="bb"> class="bb" 的 div 元素 </div>
            <div id="cc"> id="cc" 的 div 元素 </div>
            <p class="bb"> class="bb" 的 p 元素 </p>
        </body>
    </html>
```

案例 11-2 的显示效果如图 11-2 所示。

图 11-2　多条件选择器的显示效果图

多条件选择器的条件越多，优先级越高。

11.3 后代选择器

后代选择器在前面章节中已经讲过，用于选择某个元素内的所有下级元素，无论嵌套多少层都可以被选中，子元素选择器使用“空格”来表示。

案例 11-3 展示了子元素选择器的使用方法。

案例 11-3　代码如下：

```
<!DOCTYPE html>
<html>
    <head>
        <meta charset="UTF-8">
        <title> 后代选择器 </title>
```

```
        </head>
        <style type="text/css">
        .parent.child{
            background-color:red;
            color:white;
        }
        </style>
        <body>
            <div class="parent"> 父元素
                <div class="child"> 子元素 </div>
            </div>
            <div class="child"> 外部的 class="child" 元素不会被选中 </div>
        </body>
    </html>
```

案例 11-3 的显示效果如图 11-3 所示。

父元素
子元素
外部的class="child"元素不会被选中

图 11-3　后代选择器的显示效果图

使用后代选择器可以有效避免属性名冲突的问题。后代选择器的优先级由第一个选择器的优先级确定，如 #a div 的优先级高于 .a div 的优先级。

11.4　直接子元素选择器

与后代选择器相比，直接子元素选择器只能选择某元素的第一级子元素 (即直接子元素)。直接子元素选择器使用“>”来表示。

案例 11-4 展示了直接子元素选择器的使用方法。

案例 11-4　代码如下：

```
<!DOCTYPE html>
<html>
    <head>
        <meta charset="UTF-8">
        <title> 直接子元素选择器 </title>
        <style type="text/css">
        #content>.child1-1{
            border:1px solid black;
```

```
		}
		</style>
	</head>
	<body>
		<div id="content">
			<div class="child1-1"> 第一层嵌套的子元素 1
				<div class="child1-1"> 第二层嵌套的子元素 1 </div>
			</div>
			<div class="child1-2"> 第一层嵌套的子元素 2
				<div class="child1-1"> 第二层嵌套的子元素 2 </div>
			</div>
		</div>
	</body>
</html>
```

案例 11-4 的显示效果如图 11-4 所示。

第一层嵌套的子元素1
第二层嵌套的子元素1
第一层嵌套的子元素2
第二层嵌套的子元素2

图 11-4　直接子元素的显示效果图

在案例 11-4 中，直接子元素选择器只能对 id="content" 元素的下一级 class="child1-1" 的元素起作用，对第三级 class="child1-1" 的元素无效。

11.5　相邻兄弟选择器

相邻兄弟选择器用于选取指定元素后紧挨着的一个同级元素，且只能选择一个。相邻兄弟选择器使用“+”来表示。

案例 11-5 展示了相邻兄弟选择器的使用方法。

案例 11-5　代码如下：

```
<!DOCTYPE html>
<html>
	<head>
		<meta charset="UTF-8">
		<title> 相邻兄弟选择器 </title>
		<style type="text/css">
```

```
        p+div{
            color:red;
        }
        </style>
    </head>
    <body>
        <div id="content">
            <p> 段落 </p>
            <div> 第一层嵌套的子元素 1</div>
            <div> 第一层嵌套的子元素 2</div>
        </div>
    </body>
</html>
```

案例 11-5 的显示效果如图 11-5 所示。

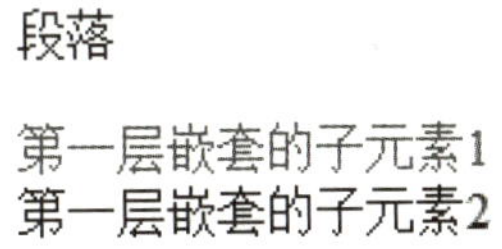

图 11-5　相邻兄弟选择器的显示效果图

相邻兄弟选择器只能选择指定元素后面的同级元素，不能选择其前面的同级元素。相邻兄弟选择器的使用场景不是很多，在多数情况下使用后代选择器效果更好。

11.6　后续兄弟选择器

后续兄弟选择器用于选取指定元素其后的相邻同级元素。后续兄弟选择器使用“～”来表示。

案例 11-6 展示了后续兄弟选择器的使用方法。

案例 11-6　代码如下：

```
<!DOCTYPE html>
<html>
    <head>
        <meta charset="UTF-8">
        <title> 后续兄弟选择器 </title>
        <style type="text/css">
        p~div{
```

```
                color:red;
            }
        </style>
    </head>
    <body>
        <div id="content">
            <p> 段落 </p>
            <div> 第一层嵌套的子元素 1</div>
            <div> 第一层嵌套的子元素 2</div>
        </div>
    </body>
</html>
```

案例 11-6 的显示效果如图 11-6 所示。

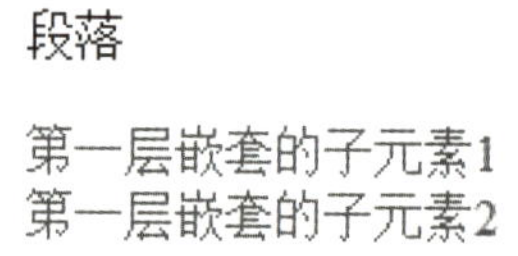

图 11-6　后续兄弟选择器的显示效果图

后续兄弟选择器只能选择其后的同级元素，不能选择其前面的元素，这一点和相邻兄弟选择器一样。

11.7　伪类与伪元素选择器

伪类选择器选择一个元素的特殊状态，如“:hover”伪类会在鼠标指针悬浮到一个元素上时选择这个元素。代码如下：

```
a:hover {
    color:gold;
}
```

上面的代码表示当鼠标指针悬浮到 <a> 标记上时，<a> 标记的文字显示为金黄色。

伪元素选择器用来选择一个元素的特定部分，如“:first-line”会选择一个元素中的第一行。代码如下：

```
p:first-line {
    font-size:20px;
}
```

上面的代码表示 <p>标记的第一行字体大小为 20 像素。

表 11-1 列举了常用的伪类与伪元素选择器。

表 11-1 常用的伪类与伪元素选择器

选择器示例	示例说明
input:checked	选择所有被选中的 input 元素，一般用于单选框和复选框
input:disabled	选择所有被禁用的 input 元素
input:enabled	选择所有启用的 input 元素
input:required	选择有“required”属性的 input 元素
input:optional	选择没有“required”属性的 input 元素
input:invalid	选择所有设置了 required 属性，且输入值无效的 input 元素
input:valid	选择所有设置了 required 属性，且输入值有效的 input 元素
input:in-range	选择所有输入值在指定 min 和 max 范围内的 input 元素
input:out-of-range	选择所有输入值不在指定 min 和 max 范围内的 input 元素
input:read-only	选择所有设置了 readonly 属性的 input 元素
input:read-write	选择所有没有设置 readonly 属性的 input 元素
input:focus	选择当前具有焦点的 input 元素
p:empty	选择所有没有子元素 (不含任何内容) 的 p 元素
p:first-letter	选择每个 p 元素的第一个字母
p:first-line	选择每个 p 元素的第一行
p:first-child	选择子元素中的第一个 p 元素
p:first-of-type	选择子元素中处于第一个位置且类型为 p 的 p 元素
p:last-child	选择子元素中的最后一个 p 元素
p:last-of-type	选择子元素中处于最后一个位置且类型为 p 的 p 元素
p:nth-child(2)	选择所有 p 元素的第二个子元素
p:nth-last-child(2)	选择所有 p 元素倒数的第二个子元素
p:nth-last-of-type(2)	选择所有 p 元素倒数的第二个为 p 的子元素
p:nth-of-type(2)	选择所有 p 元素第二个为 p 的子元素
p:only-of-type	选择所有仅有一个子元素为 p 的元素
p:only-child	选择所有仅有一个子元素的 p 元素
p:before	在每个 <p> 元素之前插入内容
p:after	在每个 <p> 元素之后插入内容
:not(p)	选择所有除了 p 以外的元素
:root	选择文档的根元素
#news:target	选择当前活动 #news 元素 (点击 URL 包含锚的名字)

案例 11-7 展示了伪类和伪元素选择器的使用方法。

案例 11-7 代码如下：

```
<!DOCTYPE html>
<html>
    <head>
        <meta charset="UTF-8">
        <title> 鼠标提示 </title>
        <style type="text/css">
        #content{
            position:relative;
            width:200px;
        }
        .cart{
            display:none;
            position:absolute;
            top:0;
            left:0;
            margin-top:-35px;
            padding:5px 10px;
            height:20px;
            background-color:black;
            border-radius:5px;
            color:white;
        }
        .cart:after{
            content:"";
            border-width:5px;
            border-style:solid;
            border-color:black transparent transparent transparent;
            position:absolute;
            bottom:-10px;
            left:50%;
            margin-left:-5px;
        }
        #content:hover.cart{
            display:inline-block;
        }
        </style>
```

```
    </head>
    <body><br /><br /><br /><br />
        <div id="content"> 请把鼠标移上来
            <div class="cart"> 提示文字 </div>
        </div>
    </body>
</html>
```

案例 11-7 的显示效果如图 11-7 所示。

图 11-7　伪类和伪元素选择器的显示效果图

在案例 11-7 中，使用 :after 伪元素选择器为 class="cart" 的元素生成一个伪元素。同时使用 :hover 伪类选择器为 id="content" 的元素设置鼠标悬停样式，当鼠标悬浮到该元素上时，class="cart" 的元素自动显示出来。

11.8　属性选择器

HTML 中的属性包括内置属性和自定义属性两类。在 CSS 中能够利用属性选择器来选中带有特定属性的元素，包括自定属性。

表 11-2 列举了 7 种常用的属性选择器规则。

表 11-2　常用的属性选择器规则

选择器	描　述
[attribute]	选取带有指定属性的元素，只判断是否有该属性，而不关注该属性的值
[attribute=value]	选取带有指定属性和值的元素，不仅要判断是否有该属性，还要判断属性的值是否相等
[attribute~=value]	选取属性值中包含指定词汇的元素，这里的词汇必须是以空格分隔完整单词
[attribute*=value]	选取属性值中包含指定值的元素，没有任何限制条件
[attribute|=value]	选取以指定值开头的元素，只能选择格式为“?-?”的元素，如 a-b
[attribute^=value]	选取属性值以指定值开头的每个元素，没有任何限制条件
[attribute$=value]	选取属性值以指定值结尾的每个元素，没有任何限制条件

案例 11-8 展示了属性选择器的使用方法。

案例 11-8　代码如下：

```
<!DOCTYPE html>
<html>
```

```
    <head>
        <meta charset="UTF-8">
        <title> 属性选取器 </title>
        <style type="text/css">
        form{
            border-radius:5px;
            display:inline-block;
            padding:5px;
            border:1px solid rgba(0,0,0,0.3);
            box-shadow:1px 3px 1px rgba(0,0,0,0.4),-1px 4px 1px rgba(0,0,0,0.3),2px 5px 3px rgba(0,0,
0,0.2),-2px 6px 3px rgba(0,0,0,0.1);
        }
        input{
            height:30px;
            margin:0;
            padding:0px10px;
            border:1px solid rgba(0,0,0,0.4);
            border-radius:5px;
            font-size:18px;
            color:#DC143C;
        }
        input[type=button] {
            border:1px solid rgba(255,0,0,0.4);
        }
        input:focus{
            border:1px solid rgba(255,0,0,1);
            outline:0;
        }
        input:active{
            border:1px solid rgba(0,0,255,1);
            outline:0;
        }
        </style>
    </head>
    <body>
        <form><input type="text"placeholder="请输入用户名"/><input type="password"placeholder=
"请输入密码"/><input type="button"value="登录"/></form>
    </body>
</html>
```

案例 11-8 的显示效果如图 11-8 所示。

图 11-8　属性选择器的显示效果图

属性选择器可以单独使用，也可以配合其他选择器一起使用。利用好属性选择器可以提高效率，避免使用很多不必要的 class 属性和 id 属性。

拓展作业

1. 实现如图 11-9 所示的导航栏。

图 11-9　导航栏示例图

2. 实现如图 11-10 所示的日历效果。

图 11-10　日历效果示例图

3. 实现如图 11-11 所示的表单样式。

图 11-11　表单样式示例图

第 12 章　CSS 特效与动画

学习目标

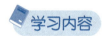

1. 掌握 CSS3 特效的制作方法。
2. 掌握 CSS3 各种转换特效的使用方法。
3. 掌握 CSS3 动画的制作方法。
4. 掌握 CSS3 渐变色的使用方法。
5. 掌握 CSS3 响应式设计。

学习内容

12.1　过　　渡

过渡属性可以使一个元素在不同状态之间切换时出现不同的过渡效果。表 12-1 列举了常用的过渡属性。

表 12-1　过渡属性列表

过渡属性	描　　述
transition	下面 4 个属性的缩写
transition-property	指定需要过渡的 CSS 属性的名称
transition-duration	定义过渡效果花费的时间，默认是 0
transition-timing-function	规定过渡效果的时间曲线，默认是“ease”
transition-delay	规定过渡效果何时开始，默认是 0

transition 属性缩写时需要按照 transition-property、transition-duration、transition-timing-function 和 transition-delay 的属性的顺序。其中 transition-timing-function 属性有表 12-2 所示的几种内置效果。

表 12-2　过渡线性效果列表

值	描　　述
linear	规定以相同速度开始至结束的过渡效果 (等于 cubic-bezier(0,0,1,1))
ease	规定慢速开始，逐渐变快，然后慢速结束的过渡效果 (cubic-bezier(0.25,0.1,0.25,1))

续表

值	描　述
ease-in	规定以慢速开始的过渡效果 (等于 cubic-bezier(0.42,0,1,1))
ease-out	规定以慢速结束的过渡效果 (等于 cubic-bezier(0,0,0.58,1))
ease-in-out	规定以慢速开始、慢速结束的过渡效果 (等于 cubic-bezier(0.42,0,0.58,1))
cubic-bezier(n,n,n,n)	在 cubic-bezier 函数中定义自己的值，可选值是 0~1 之间的数值

案例 12-1 展示了一个 div 宽度和背景颜色过渡效果的使用方法。

案例 12-1　代码如下：

```
<!DOCTYPE html>
<html>
    <head>
        <meta charset="UTF-8">
        <title> 变换 </title>
        <style>
            div{
                width:200px;
                height:100px;
                background:blue;
                /*方法 1：分别对多个属性单独设置*/
                transition:width 2s linear 1s,
                background-color 2s linear 1s;
                /*方法 2：统一对所有属性设置*/
                transition:all 2s linear 1s;
            }
            div:hover{
                width:400px;
                background-color:red;
            }
        </style>
    </head>
    <body>
        <div></div>
    </body>
</html>
```

在案例 12-1 中，方法 1 可以单独对每一个需要过渡的属性设置线性效果、持续时间和延迟时间，缺点是所有需要过渡的属性必须全部一一写出来，没写的属性不会有过渡效果。方法 2 可以对所有需要过渡的属性统一设置相同的线性效果、持续时间和延迟时间，优点就是便捷。

12.2 变 换

变换分为 2D 变换和 3D 变换两种模式，默认为 2D 变换。如果需要切换成 3D 变换，需要使用 transform-style:preserve-3d; 属性，切换成 3D 变换后才可以使用 z 轴的变换效果。

无论是 2D 变换模式还是 3D 变换模式，变换属性都具有旋转、缩放、倾斜和位移 4 种变换效果。

1. 旋转变换

旋转变换的旋转方向默认为顺时针方向，使用 rotate() 函数实现，函数的参数为旋转度数，参数的单位为 deg 或 turn，单位不可省略，但是单位可以为负值，负值表示逆时针方向旋转。

案例 12-2 展示了旋转变换的使用方法。

案例 12-2 代码如下：

```
<!DOCTYPE html>
<html>
    <head>
        <meta charset="UTF-8">
        <title> 旋转变换 </title>
        <style>
            div{
                width:100px;
                height:100px;
                background:blue;
                transition:all 2s linear;
            }
            div:hover{
                /*绕着 x 轴旋转*/
                transform:rotateX(360deg);
                /*默认绕着 y 轴旋转*/
                transform:rotateY(360deg);
                /*默认绕着 z 轴旋转*/
                transform:rotateZ(360deg);
                /*默认绕着 z 轴旋转*/
                transform:rotate(360deg);
                /*默认绕着 x,y 轴旋转*/
                transform:rotateX(120deg) rotateY(240deg);
            }
        </style>
```

```
    </head>
    <body>
        <div></div>
    </body>
</html>
```

变换属性一般需要配合过渡属性才能看到效果，否则旋转过程的瞬间完成肉眼不可见，只能看见其最终状态。

2. 缩放变换

缩放变换效果通过放大和缩小指定元素来实现，尤其是在放大图片时一定要注意，放大的图片可能会失真，就像放大镜一样。缩放变换使用 scale(x,y) 函数来实现，函数参数为缩放比例，没有单位，如 scale(1.5) 表示 x、y 轴分别放大 1.5 倍。

案例 12-3 展示了缩放变换的使用方法。

案例 12-3　代码如下：

```
<!DOCTYPE html>
<html>
    <head>
        <meta charset="UTF-8">
        <title> 缩放变换 </title>
        <style>
            div{
                width:100px;
                height:100px;
                background:blue;
                transition:all 2s linear;
            }
            div:hover{
                /*默认 x、y 轴同步缩放*/
                transform:scale(1.5) rotate(20deg);
                /*x 轴缩小至 0.8，y 轴放大 1.2 倍 */
                transform:scale(0.8,1.2);
                /*x 轴缩小至 0.5，y 轴放大 1.1 倍 */
                transform:scaleX(-0.5) scaleY(1.1);
            }
        </style>
    </head>
    <body>
        <div></div>
    </body>
</html>
```

缩放变换的比例也可以为负数，负数表示先缩小。缩放变换可以和旋转变换一起使用，需要使用“空格”分隔两个函数。

3. 倾斜变换

倾斜变换使用 scale() 函数来实现，函数有两个参数，分别表示 x 轴和 y 轴的倾斜度，参数的单位为 deg 或 turn。如果第 2 个参数为空，则默认为 0。如果参数为负值，则表示向相反方向倾斜。

除此以外，还有以下两个函数可以单独设置 x 轴和 y 轴的倾斜度。

(1) skewX(<angle>)：表示在 x 轴 (水平方向) 倾斜。

(2) skewY(<angle>)：表示在 y 轴 (垂直方向) 倾斜。

案例 12-4 展示了倾斜变换的使用方法。

案例 12-4　代码如下：

```
<!DOCTYPE html>
<html>
    <head>
        <meta charset="UTF-8">
        <title> 倾斜变换 </title>
        <style>
            div{
                width:100px;
                height:100px;
                background:blue;
                transition:all 2s linear;
            }
            div:hover{
                /*x 轴倾斜 30°，y 轴倾斜 20° */
                transform:skew(30deg,20deg);
            }
        </style>
    </head>
    <body>
        <div></div>
    </body>
</html>
```

倾斜变换会改变元素的形状，导致元素内容也跟着倾斜。

4. 位移变换

位移变换使用 translate() 函数实现，可以改变元素在 x 轴和 y 轴上的位置，该函数有两个参数，分别表示 x 轴和 y 轴的位移大小，参数的单位为相对大小单位和绝对大小单位。参数为正值表示向右或向下移动，参数为负值表示向相反方向移动。

案例 12-5 展示了位移变换的使用方法。

案例 12-5　代码如下：

```
<!DOCTYPE html>
<html>
    <head>
        <meta charset="UTF-8">
        <title> 位移变换 </title>
        <style>
            div{
                width:100px;
                height:100px;
                background:blue;
                position:absolute;
                left:50%;
                top:50%;
                transform:translate(-50%,-50%);
            }
        </style>
    </head>
    <body>
        <div></div>
    </body>
</html>
```

位移变换属性的优点是其位移变换时的参照物是元素自身。此特性可以让元素根据自身比例移动，以此来快速实现绝对居中显示。在案例 12-5 中，正好利用了该属性，配合定位属性实现了元素的绝对居中显示。

12.3　动　　画

CSS 的动画可以看作是多个过渡效果组合而成的，创建动画需要使用 @keyframes 属性。@keyframes 属性有以下两种写法：

(1) 使用 from 和 to 关键词，from 表示动画初始状态的样式，to 表示动画结束状态的样式。

(2) 使用百分比，0% 表示动画初始状态的样式，100% 表示动画结束状态的样式，0%～100% 之间的值表示动画的中间状态。

@keyframes 属性只能创建动画，不能使用动画。动画创建之后还需要通过 animation 属性来使用动画。

animation 属性是表 12-3 中的属性缩写。

表 12-3　animation 属性列表

属　性	描　　述
animation-name	规定 @keyframes 动画的名称
animation-duration	规定动画完成一个周期所花费的秒或毫秒，默认是 0
animation-timing-function	规定动画的速度曲线，默认是 ease
animation-delay	规定动画何时开始，默认是 0
animation-iteration-count	规定动画被播放的次数，默认是 1，Infinite 表示无限循环
animation-direction	规定动画是否在下一周期逆向播放，默认是 normal
animation-play-state	规定动画是否正在运行或暂停，默认是 running、paused

动画中的 animation-timing-function 属性和过渡中的 transition-timing-function 属性有相同内置效果。

案例 12-6 展示了动画的使用方法。

案例 12-6　代码如下：

```
<!DOCTYPE html>
<html>
    <head>
        <meta charset="UTF-8">
        <title> 动画 </title>
        <style>
            div{
                width:100px;
                height:100px;
                background:red;
                position:relative;
                animation:myfirst 5s;
                -webkit-animation:myfirst 5s;
            }
            @keyframes myfirst {
                0%{background:red;left:0px;top:0px;}
                25%{background:yellow;left:200px;top:0px;}
                50%{background:blue;left:200px;top:200px;}
                75%{background:green;left:0px;top:200px;}
                100%{background:red;left:0px;top:0px;}
            }
        </style>
    </head>
    <body>
```

```
        <div></div>
    </body>
</html>
```

from 和 to 只能定义两个状态，一般用于简单的动画。百分比可以设置任意多个状态，不同状态之间需要设置不同的样式。

12.4 渐　　变

CSS 中定义了两种类型的渐变。

(1) 线性渐变 (Linear Gradients)：朝着一个方向直线延伸的渐变效果，可以设置任意方向。

(2) 径向渐变 (Radial Gradients)：以圆形或者椭圆形发散的渐变效果，可以设置不同颜色的比例。

1. 线性渐变

创建线性渐变，必须包含至少两种颜色、一个起点和一个方向 (或一个角度)。线性渐变的方向可以使用角度定义，也可以使用 to bottom、to top、to right、to left、bottom right 等值定义。

案例 12-7 展示了线性渐变的使用方法。

案例 12-7　代码如下：

```
<!DOCTYPE html>
<html>
    <head>
        <meta charset="UTF-8">
        <title> 线性渐变 </title>
        <style>
            #grad1{
                height:200px;
                /*兼容其他浏览器的写法*/
                background:-webkit-linear-gradient(left,red 20%,blue 80%);
                background:-o-linear-gradient(left,red 20%,blue 80%);
                background:-moz-linear-gradient(left,red 20%,blue 80%);
                background:linear-gradient(left,red 20%,blue 80%);
                /*标准的语法 ( 建议放在最后 )*/
            }
        </style>
    </head>
    <body>
```

```
        <div id="grad1"></div>
    </body>
</html>
```

案例 12-7 的显示效果如图 12-1 所示。

图 12-1 线性渐变的显示效果图

线性渐变属性比较特殊，为了兼容各大主流浏览器，需要针对不同浏览器单独设置渐变属性。线性渐变属性不是颜色而是图形，因此需要通过 background-image 属性来引用，不能通过 background-color 属性来引用。线性渐变中的颜色如果不指定比例，则默认会平均分配。

2. 径向渐变

创建径向渐变必须包含至少两种颜色、渐变的中心、渐变的形状 (圆形或椭圆形)、渐变的形状大小。默认情况下，渐变的中心是 center，表示在元素的中心点；渐变的形状是 ellipse，表示椭圆形；渐变的形状大小是 farthest-corner，表示最远的角。

径向渐变的形状 shape 参数可选值为 circle 或 ellipse，其中 circle 表示圆形，ellipse 表示椭圆形。径向渐变的尺寸 size 参数可选值为 closest-side(最近的边)、farthest-side(最远的边)、closest-corner(最近的角) 和 farthest-corner(最远的角)。

案例 12-8 展示了径向渐变的使用方法。

案例 12-8 代码如下：

```
<!DOCTYPE html>
<html>
    <head>
        <meta charset="UTF-8">
        <title> 径向渐变 </title>
        <style>
            #grad1{
                height:200px;
                /*兼容其他浏览器的写法*/
                background:-webkit-radial-gradient(40%55%,closest-side,blue,green,yellow);
                background:-o-radial-gradient(40%55%,closest-side,blue,green,yellow);
                background:-moz-radial-gradient(40%55%,closest-side,blue,green,yellow);
                background:radial-gradient(40%55%,closest-side,blue,green,yellow);
                /*标准的语法 ( 建议放在最后 )*/
            }
```

```
        </style>
    </head>
    <body>
        <div id="grad1"></div>
    </body>
</html>
```

案例 12-8 的显示效果如图 12-2 所示。

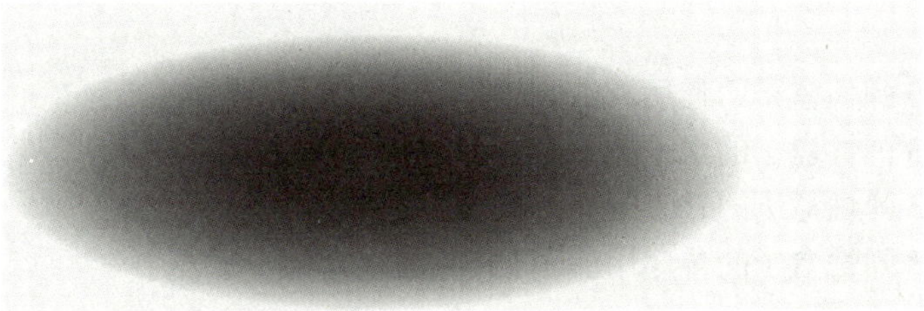

图 12-2　径向渐变的显示效果图

径向渐变的形状决定渐变是圆形还是椭圆形，径向渐变的形状尺寸决定渐变扩散的距离。

拓展作业

1. 实现如图 12-3 所示的旋转的立方体效果。

图 12-3　旋转的立方体效果示例图

2. 使用渐变实现如图 12-4 所示的球体效果。

图 12-4　球体效果示例图

第 13 章 CSS 弹性盒子

学习目标

1. 掌握 CSS3 弹性盒子的使用方法。
2. 掌握 CSS3 弹性盒子的水平分布方法。
3. 掌握 CSS3 弹性盒子的垂直分布方法。
4. 掌握 CSS3 弹性盒子的排序用法。

学习内容

弹性盒子是一种按行或按列布局元素的一维布局方法，元素可以膨胀以填充额外的空间，也可以收缩以适应更小的空间。

使用弹性盒子之前，需要先确定选择将哪些元素设置为弹性盒子，然后给这些元素的上一级元素添加 display: flex; 属性。如在无序列表中，如果希望将 <li> 元素设置为弹性盒子，那么应该给 <ul> 元素添加 display: flex; 属性。

13.1 显示方向

弹性盒子中的 flex-direction 属性用于切换按行或按列布局，该属性的默认值为 row，表示按行布局，也可以手动切换成 column，表示按列布局。

flex-direction 属性有以下 4 个值可选：

(1) row：横向从左到右排列，是默认的排列方式。

(2) row-reverse：反转横向排列，从后往前排列，最后一项排在最前面。

(3) column：纵向排列。

(4) column-reverse：反转纵向排列，从下往上排列，最后一项排在最上面。

案例 13-1 展示了 flex-direction 属性的使用方法。

案例 13-1　代码如下：

```
<!DOCTYPE html>
<html>
    <head>
```

```
        <meta charset="UTF-8">
        <title> 弹性盒子 </title>
        <style type="text/css">
            ul,ol{
                /*该属性给上级元素添加*/
                display:flex;
                list-style-type:none;
                margin:0;
                padding:0;
            }
            ul li,ol li{
                padding:10px;
            }
            ul{
                flex-direction:row;
            }
            ol{
                flex-direction:column;
            }
        </style>
    </head>
    <body>
        <ul>
            <li>1</li>
            <li>2</li>
            <li>3</li>
            <li>4</li>
            <li>5</li>
        </ul>
        <ol>
            <li>1</li>
            <li>2</li>
            <li>3</li>
            <li>4</li>
            <li>5</li>
        </ol>
    </body>
</html>
```

案例 13-1 的显示效果如图 13-1 所示。

1 2 3 4 5

1

2

3

4

5

图 13-1 flex-direction 属性的显示效果图

使用 flex-direction 属性可以快速实现水平排列和垂直排列，默认情况下水平排列的元素不会自动换行。

13.2 自 然 换 行

如果需要让水平排列的元素自动换行，可以使用 flex-wrap 属性，当一行显示不完整时会自动换行显示。

flex-wrap 属性有以下 3 个值可选：

(1) nowrap：默认值，设置弹性盒子的元素不拆行或不拆列。

(2) wrap：设置弹性盒子的元素在必要时拆行或拆列。

(3) wrap-reverse：设置弹性盒子的元素在必要时拆行或拆列，但是以相反的顺序。

案例 13-2 展示了 flex-wrap 属性的使用方法。

案例 13-2 代码如下：

```
<!DOCTYPE html>
<html>
    <head>
        <meta charset="UTF-8">
        <title> 弹性盒子 </title>
        <style type="text/css">
            ul{
                /*该属性给上级元素添加*/
                display:flex;
                list-style-type:none;
```

```
            margin:0;
            padding:0;
        }
        ul li{
            width:25%;
        }
        ul{
            flex-direction:row;
            /*让弹性盒子的元素在必要时换行显示*/
            flex-wrap:wrap;
        }
    </style>
  </head>
  <body>
    <ul>
        <li>1</li>
        <li>2</li>
        <li>3</li>
        <li>4</li>
        <li>5</li>
    </ul>
  </body>
</html>
```

案例 13-2 的显示效果如图 13-2 所示。

1	2	3	4
5			

图 13-2　flex-wrap 属性的显示效果图

利用 flex-wrap 属性自动换行的特性可以实现各种列表效果。如果 flex-direction 属性按列显示，同时元素有高度限制，则会自然换列。

13.3 水平对齐

弹性盒子的对齐方式非常灵活，可以使用 justify-content 属性设置水平对齐方式。

justify-content 属性有以下可选值：

(1) flex-start：默认值，从行首起始位置开始排列。

(2) flex-end：从行尾位置开始排列。

(3) center：居中排列。

(4) space-between：均匀排列每个元素，首个元素放置于起点，末尾元素放置于终点。

(5) space-evenly：均匀排列每个元素，每个元素的间隔相等。

(6) space-around：均匀排列每个元素，每个元素周围分配相同的空间。

案例 13-3 展示了 justify-content 属性的使用方法。

案例 13-3　代码如下：

```
<!DOCTYPE html>
<html>
    <head>
        <meta charset="UTF-8">
        <title> 弹性盒子 </title>
        <style type="text/css">
            ul{
                list-style-type:none;
                margin:0;
                padding:0;
                /*该属性给上级元素添加*/
                display:flex;
                flex-direction:row;
                flex-wrap:wrap;
                /*所有子元素居中对齐*/
                justify-content:center;
            }
            ul li{
                margin:10px;
            }
        </style>
    </head>
    <body>
        <ul>
            <li>1</li>
            <li>2</li>
            <li>3</li>
            <li>4</li>
            <li>5</li>
        </ul>
    </body>
</html>
```

案例 13-3 的显示效果如图 13-3 所示。

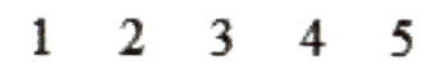

图 13-3　justify-content 属性的显示效果图

flex-direction 属性按行排列模式下，justify-content 用于设置水平对齐方式；flex-direction 属性按列排列模式下，justify-content 用于设置垂直对齐方式。

13.4　垂直对齐

垂直对齐有 align-items 和 align-content 两个属性，无论使用哪个属性都有一个前提要求，即弹性盒子元素必须有充足的高度，允许其内元素有垂直分布的空间，否则垂直对齐将无效。因为默认情况下所有元素的高度会尽量缩小以优化页面空间。

需要注意的是，这两个属性需要结合 flex-wrap 属性一起使用。当 flex-wrap 设置为 wrap 时，使用 align-content 属性；当 flex-wrap 设置为 nowrap 时，使用 align-items 属性。

align-content 属性有以下可选值：

(1) flex-start：所有行从垂直轴起点开始填充。第一行的垂直轴起点边和容器的垂直轴起点边对齐。接下来的每一行紧跟前一行。

(2) flex-end：所有行从垂直轴末尾开始填充。最后一行的垂直轴终点边和容器的垂直轴终点边对齐。同时所有后续行与前一个对齐。

(3) center：所有行朝向容器的中心填充。每行互相紧挨，相对于容器居中对齐。容器的垂直轴起点边和第一行的距离相等于容器的垂直轴终点边和最后一行的距离。

(4) space-between：所有行在容器中平均分布，相邻两行的间距相等。容器的垂直轴起点边和终点边分别与第一行和最后一行的边对齐。

(5) space-around：所有行在容器中平均分布，相邻两行的间距相等。容器的垂直轴起点边和终点边分别与第一行和最后一行的距离是相邻两行间距的一半。

(6) space-evenly：所有行沿垂直轴均匀分布在对齐容器内。每对相邻的项之间的距离，如主开始边和第一项，主结束边和最后一项，都是完全相同的。

(7) stretch：拉伸所有行来填满剩余空间，剩余空间平均分配给每一行。

align-items 属性中没有 space-between、space-around 和 space-evenly 值。align-items 属性可以让每一行拥有独立的垂直对齐方式，align-content 属性只能同时设置所有行的对齐方式。

案例 13-4 展示了 align-items 和 align-content 属性的使用方法。

案例 13-4　代码如下：

```
<!DOCTYPE html>
<html>
    <head>
        <meta charset="UTF-8">
        <title> 弹性盒子 </title>
```

```
        <style type="text/css">
            ul{
                list-style-type:none;
                margin:0;
                padding:0;
                /*该属性给上级元素添加*/
                display:flex;
                flex-direction:row;
                flex-wrap:wrap;
                /*所有子元素居中对齐*/
                justify-content:center;
                /*高度属性是必需的*/
                height:100px;
                /*在垂直方向上居中对齐*/
                /*align-content:center;*/
                align-items:center;
            }
            ul li{
                margin:10px;
            }
        </style>
    </head>
    <body>
        <ul>
            <li>1</li>
            <li>2</li>
            <li>3</li>
            <li>4</li>
            <li>5</li>
        </ul>
    </body>
</html>
```

案例 13-4 的显示效果如图 13-4 所示。

1 2 3 4 5

图 13-4 align-items 和 align-content 的显示效果图

在案例 13-4 中，如果不设置 <ul> 的高度，align-items 和 align-content 属性的效果将无法展示，只有在足够的空间中才能观察到垂直方向上的对齐效果。

13.5 子元素对齐

align-self 属性可以单独对某个子元素设置其对齐方式，其属性值和 align-items 相同，并且优先级高于 align-items。

align-self 属性不能在设置了 display: flex; 属性的元素中使用，只能在弹性盒子元素中使用。

案例 13-5 展示了 align-self 属性的使用方法。

案例 13-5 代码如下：

```
<!DOCTYPE html>
<html>
    <head>
        <meta charset="UTF-8">
        <title> 弹性盒子 </title>
        <style type="text/css">
            section{
                display:flex;
                align-items:center;
                height:120px;
            }
            div{
                margin:10px;
            }
            div:nth-child(3){
                align-self:flex-end;
                background:pink;
            }
        </style>
    </head>
    <body>
        <section>
            <div> 项目 1</div>
            <div> 项目 2</div>
            <div> 项目 3</div>
```

```
        </section>
    </body>
</html>
```

案例 13-5 的显示效果如图 13-5 所示。

图 13-5 align-self 属性的显示效果图

在案例 13-5 中，使用 align-self 属性单独对第 3 个 div 设置垂直对齐方式，其值会覆盖 align-items 属性的值。

13.6 子元素自适应

flex 属性用于设置弹性盒子元素如何增大或缩小，以适应其弹性容器中可用的空间。flex 属性不能在设置了 display: flex; 属性的元素中使用，只能在弹性盒子元素中使用。

flex 属性是以下 3 个属性的简写：

(1) flex-grow：设置当某个元素宽度大于 flex-basis 宽度时的增长系数。

(2) flex-shrink：设置当某个元素宽度小于 flex-basis 宽度时的收缩系数。

(3) flex-basis：设置每个元素的初始宽度。

flex 属性有以下可选值：

(1) auto：元素会根据自身的宽度与高度来确定尺寸，但是会伸长并吸收 flex 容器中额外的自由空间，也会缩短自身来适应 flex 容器，这相当于将属性设置为“flex: 1 1 auto”。

(2) none：元素会根据自身的宽度与高度来设置尺寸，既不会缩短也不会伸长来适应 flex 容器，这相当于将属性设置为 flex: 0 0 auto。

(3) <'flex-grow'>：定义 flex 项目的 flex-grow，负值无效，省略时默认值为 1，初始值为 0。

(4) <'flex-shrink'>：定义 flex 元素的 flex-shrink，负值无效，省略时默认值为 1，初始值为 1。

(5) <'flex-basis'>：定义 flex 元素的 flex-basis 属性。若值为 0，则必须加上单位，以免被视作伸缩性。省略时默认值为 0，初始值为 auto。

案例 13-6 展示了 flex 属性的使用方法。

案例 13-6 代码如下：

```
<!DOCTYPE html>
<html>
```

```
    <head>
        <meta charset="UTF-8">
        <title> 弹性盒子 </title>
        <style type="text/css">
            section{
                display:flex;
                align-items:center;
            }
            div:nth-child(1){
                flex:1;
                border:1px solid pink;
            }
            div:nth-child(2){
                flex:3;
                border:1px solid blue;
            }
            div:nth-child(3){
                flex:2;
                border:1px solid green;
            }
        </style>
    </head>
    <body>
        <section>
            <div> 项目 1</div>
            <div> 项目 2</div>
            <div> 项目 3</div>
        </section>
    </body>
</html>
```

案例 13-6 的显示效果如图 13-6 所示。

图 13-6　flex 属性的显示效果图

利用 flex 属性可以让弹性盒子元素自适应页面宽度，给 flex 设置不同的伸缩系数能得到不同的宽度比例。

拓展作业

1. 使用弹性盒子属性，制作如图 13-7 所示的菜单，并且水平居中排版。

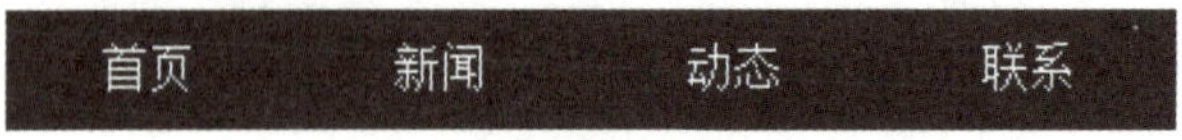

图 13-7　菜单示例图 1

2. 使用弹性盒子属性，制作如图 13-8 所示的菜单，并且垂直排版。

图 13-8　菜单示例图 2

第 14 章　JavaScript 语法基础

学习目标

1. 掌握 JavaScript 基础语法的使用。
2. 掌握 JavaScript 注释的使用。
3. 掌握 JavaScript 变量的使用。
4. 掌握 JavaScript 变量的类型和定义。
5. 掌握 JavaScript 运算符的使用。

学习内容

JavaScript 是一种编程语言，通常用于客户端 (Client-Side) 的网页动态脚本。需要注意的是，不应该把 JavaScript 和 Java 混淆，Java 和 JavaScript 都是 Oracle 公司注册的商标，但是这两种编程语言在语法、语义和使用方面都明显不同。

14.1 引 入 方 式

JavaScrip 程序脚本需要引入到 HTML 文档内才能被浏览器解释执行。浏览器默认不能直接执行代码文件。在 HTML 文档中引入 JavaScrip 的方式有内部引入、外部引入和内联引入 3 种。

1. 内部引入

内部引入方式主要通过 HTML 中一个特殊的 <script> 标记来引入 JavaScrip 程序脚本，通常 <script> 标记的位置在 <body> 标记后，以确保 JavaScrip 程序脚本在加载时，HTML 中所有元素已经加载完毕。

案例 14-1 展示了内部引入方式的使用方法。

案例 14-1　代码如下：

```
<!DOCTYPE html>
<html>
    <head>
        <meta charset="UTF-8">
```

```
        <title>JavaScript</title>
    </head>
    <body></body>
</html>
<script>
    //在这里录入 JavaScript 的代码
</script>
```

2. 外部引入

JavaScript 脚本可以保存到外部文件中，外部 JavaScript 文件通常包含被多个网页使用的公共代码。外部 JavaScript 文件的文件扩展名是“.js”。

若需要引入外部 JavaScript 文件，则可以在 <script> 标记的 src 属性中设置“.js”文件的路径。

案例 14-2 展示了外部引入方式的使用方法。

案例 14-2　代码如下：

```
<!DOCTYPE html>
<html>
    <head>
        <meta charset="UTF-8">
        <title>JavaScript</title>
    </head>
    <body></body>
</html>
<script src="my js.js"></script>
```

3. 内联引入

JavaScript 脚本可以直接与 HTML 标记绑定在一起，这种方式和 CSS 的内联引入方式相似，也需要通过对应的属性才能引入，如 onclick 属性用于设置点击元素时触发的功能函数。

案例 14-3 展示了内联引入方式的使用方法。

案例 14-3　代码如下：

```
<!DOCTYPE html>
<html>
    <head>
        <meta charset="UTF-8">
        <title>JavaScript</title>
    </head>
    <body>
        <button onclick="this.innerHTML++">1</button>
    </body>
</html>
```

14.2 注　　释

JavaScript 注释可用于提高代码的可读性。单行注释以“//”开头，同一行内其后的所有内容都会变成注释。多行注释以“/*”开始，以“*/”结尾，中间所有内容都会变成注释。注释会被浏览器忽略，不会被执行，因此可以使用注释对代码增加说明文字。

案例 14-4 展示了注释的使用方法。

案例 14-4　代码如下：

```
<!DOCTYPE html>
<html>
    <head>
        <meta charset="UTF-8">
        <title>JavaScript</title>
    </head>
    <body></body>
</html>
<script type="text/javascript">
    //单行注释，不可换行
    /*
     多行注释，可以换行
     */
</script>
```

如果在代码前面添加单行注释“//”可以阻止代码执行。

案例 14-5 展示了注释的另一种用法。

案例 14-5　代码如下：

```
<!DOCTYPE html>
<html>
    <head>
        <meta charset="UTF-8">
        <title>JavaScript</title>
    </head>
    <body></body>
</html>
<script type="text/javascript">
    //下面的代码都在注释中，不会被执行
    //window.alert(“警告”)
    /*a = 10
    b = 12
    c = a + b*/
</script>
```

14.3 变　量

变量是用于存储信息的“容器”，就像代数中的未知数 x=5、y=6 和 z=x+y 等。变量可以使用短名称，如 X 和 y，也可以使用描述性更好的名称，如 age、sum、totalvolume 等。下面是变量的命名规范。

① 变量名只能包含字母、数字、“_”和“$”。

② 变量名通常以字母开头。

③ 变量名也能以“$”和“_”开头，但是不推荐。

④ 变量名对大小写敏感，“y”和“Y”表示不同的变量。

1. 创建变量

创建变量也叫声明变量，JavaScript 中使用“var”关键词来声明变量，并且“var”关键词可以省略不写。创建变量的语法如下：

```
//声明 ( 创建 ) 一个名为 variable 的变量
var variable
```

变量创建之后，变量的值默认是空的。

2. 变量赋值

如果需要将值存入变量中，那么可以对变量进行赋值。给变量赋值的语法如下：

```
//为 variable 变量赋值 ( 存储值到该变量中 )
variable = 10
```

变量赋值的操作可以在创建变量的同时完成。创建变量并且同时赋值的语法如下：

```
//声明 ( 创建 ) 变量的同时赋予该变量一个值
var variable = 10
```

变量 variable 在创建好之后会立即存储一个值。

3. 使用变量

变量存在的目的是存储值，并且在必要时使用这个值。创建变量并且将变量的值显示到页面上的语法如下：

```
//使用 carname 结果乘以 2
var res = carname * 2
//获取 id="demo" 的元素，html 内容设置成 carname 保存的值。
document.write(carname);
```

document.write() 函数用于直接在 HTML 页面上显示指定的内容。

14.4 基本数据类型

JavaScript 中有 5 种常用的基本数据类型，分别是字符串 (String) 类型、数字 (Number) 类型、布尔 (Boolean) 类型、未定义 (Undefined) 类型和空 (Null) 类型。其中未定义类型是变量未定义状态下的默认值，空类型是引用数据类型未赋值状态下的默认值。

1. 字符串类型

字符串类型用来存储字符和文字，使用单引号或双引号。如果字符串中需要使用引号，则不能和最外层的引号相同，需要单双引号嵌套使用。字符串类型的语法如下：

```
var answer="It's alright";
var answer="He is called 'Johnny' ";
var answer='He is called "Johnny" ';
```

2. 数字类型

数字类型只能保存数字，不能保存其他类型的值。数字包括整数、小数和指数等。数字类型的语法如下：

```
var x1=34.00; //使用小数点来写
var x2=34; //不使用小数点来写
var y=123e5; //指数 12 300 000
var z=123e-5; //指数 0.001 23
```

3. 布尔类型

布尔类型只能存储 true 或 false 两个特殊值，和数学中的布尔值一样，用于表示真、假状态。布尔类型的语法如下：

```
var a=true; //等价于 1
var b=false; //等价于 0
```

4. 未定义类型

未定义类型是一种特殊值，用于表示变量不含有值，新声明 (创建) 的变量在未赋值之前，该变量的值即是未定义的。下面是未定义类型的情况：

```
//声明 ( 创建 ) 变量但是未赋值
var test
//使用未赋值的变量，其值为 undefined
console.log(test) //undefined
```

5. 空类型

空类型也是一种特殊值，用于表示引用数据类型为空，和未定义有类似的作用。下面是空类型的情况：

```
//获取页面上 id="abc" 的元素对象
var abc = document.getElementById("abc")
//如果找不到 id="abc" 的元素对象，则结果为 null
console.log(abc) //null
```

14.5 运 算 符

JavaScript 运算符用于变量之间的各种运算操作，如算术运算符、赋值运算符、比较运算符、逻辑运算符和条件运算符等。

1. 算术运算符

算术运算符就是加减乘除等四则运算。表 14-1 列出了四则运算符，其中假设 y = 5。

表 14-1　四则运算符

运算符	描 述	例 子	x 运算结果	y 运算结果
+	加法	x = y + 2	7	5
-	减法	x = y - 2	3	5
*	乘法	x = y * 2	10	5
/	除法	x = y / 2	2.5	5

除了基本四则运算符外，JavaScript 还提供了表 14-2 中列出的算术运算符。

表 14-2　算术运算符

运算符	描　　述
%	求余，返回相除之后的余数
++	自增，将操作数的值加一。如果放在操作数前面 (++x)，则返回加一后的值；如果放在操作数后面 (x++)，则返回操作数原值，再将操作数加一
--	自减，将操作数的值减一。前后缀两种用法的返回值类似于自增运算符
-	负数，返回操作数的负值
+	正数，如果操作数在之前不是数值，则试图将其转换为数值
**	计算底数 (base) 的指数 (exponent) 次方，表示为 base**exponent

案例 14-6 展示了算术运算符的使用方法。

案例 14-6　代码如下：

```
<!DOCTYPE html>
<html>
    <head>
        <meta charset="UTF-8">
        <title> 算术运算符 </title>
    </head>
    <body></body>
</html>
<script type="text/javascript">
    var x=5
    var y=6
    var o1=x+y //11
    var o2=x-y //-1
    var o3=x*y //30
    var o4=x/y //0.833 333 333 333 333 4
    var o5=y%x //1
```

```
    var o6=++x //6
    var o7=x++ //6
    var o8=--x //6
    var o9=x-- //6
</script>
```

合理运用算术运算符能够有效简化代码。

2. 赋值运算符

赋值运算符将它右边操作数的值赋给它左边的操作数。最简单的赋值运算符是等于(=)，它将右边的操作数的值赋给左边的操作数，如 x = y 就是将 y 的值赋给 x。表 14-3 列出了各种赋值运算符的使用方法。

表 14-3　赋 值 运 算 符

名　字	简写的操作符	含　义
赋值 (=)	x = y	x = y
加法赋值 (+=)	x += y	x = x + y
减法赋值 (−=)	x −= y	x = x − y
乘法赋值 (*=)	x *= y	x = x * y
除法赋值 (/=)	x /= y	x = x / y
求余赋值 (%=)	x %= y	x = x % y
求幂赋值 (**=)	x **= y	x = x ** y

案例 14-7 展示了赋值运算符的使用方法。

案例 14-7　代码如下：

```
<!DOCTYPE html>
<html>
    <head>
        <meta charset="UTF-8">
        <title> 赋值运算符 </title>
    </head>
    <body></body>
</html>
<script type="text/javascript">
    var x=5
    x+=2 // x=7
    x-=2 // x=5
    x*=2 // x=10
    x/=2 // x=5
    x%=2 // x=1
    x**=2 // x=1
</script>
```

使用赋值运算符的目的也是简化代码，提高开发效率。

3. 比较运算符

比较运算符用于比较并返回一个布尔值，比较的操作数可以是任意类型的。如果两个操作数不是相同的类型，JavaScript 会尝试转换它们为恰当的类型来比较。这种行为通常发生在数字作为操作数的比较。如果不需要 JavaScript 在检查相等之前转换操作数的类型，可以使用 === 和 !== 操作符，它会执行严格的相等和不相等比较。

表 14-4 列出了各种比较运算符的特征。

表 14-4 各种比较运算符的特征

运 算 符	描 述
等于 (==)	如果两边操作数相等，则返回 true
不等于 (!=)	如果两边操作数不相等，则返回 true
全等 (===)	如果两边操作数相等且类型相同，则返回 true
不全等 (!==)	如果两边操作数不相等或类型不同，则返回 true
大于 (>)	如果左边的操作数大于右边的操作数，则返回 true
大于等于 (>=)	如果左边的操作数大于或等于右边的操作数，则返回 true
小于 (<)	如果左边的操作数小于右边的操作数，则返回 true
小于等于 (<=)	如果左边的操作数小于或等于右边的操作数，则返回 true

案例 14-8 展示了比较运算符的使用方法。

案例 14-8 代码如下：

```
<!DOCTYPE html>
<html>
    <head>
        <meta charset="UTF-8">
        <title> 比较运算符 </title>
    </head>
    <body></body>
</html>
<script type="text/javascript">
    var x = 5
    var y = 6
    var z = "6"
    var o1=x==y //false
    var o2=y==z //true
    var o3=y===z //false
    var o4=x>=y //false
    var o5=x<=y //true
    var o6=x<y //true
    var o7=x>y //false
</script>
```

比较运算符可以连用，无论比较运算符表达式多么复杂，其最后返回的值一定是布尔类型。

4. 逻辑运算符

逻辑运算符常用于布尔(逻辑)值之间。当操作数都是布尔值时，返回值也是布尔值。实际上 && 和 || 返回的是一个特定的操作数的值，所以当它用于非布尔值时，返回值就可能是非布尔值。

表 14-5 列出了各种逻辑运算符的特征。

表 14-5　各种逻辑运算符的特征

运算符	示 例	描　述
逻辑与	操作数 1 && 操作数 2	如果操作数 1 能转换为 false，则返回操作数 1，否则返回操作数 2。因此 && 用于布尔值时，当操作数都为 true 时，返回 true，否则返回 false
逻辑或	操作数 1 || 操作数 2	如果操作数 1 能转换为 true，则返回操作数 1，否则返回操作数 2。因此 || 用于布尔值时，当任何一个操作数为 true 时，返回 true；如果操作数都是 false，则返回 false
逻辑非	! 操作数	如果操作数能转换为 true，则返回 false，否则返回 true

能转换为 false 的值有 null、0、NaN、空字符串 "" 和 undefined 值。

案例 14-9 展示了逻辑与运算符的使用方法。

案例 14-9　代码如下：

```
<!DOCTYPE html>
<html>
    <head>
        <meta charset="UTF-8">
        <title> 逻辑与运算符 </title>
    </head>
    <body>
    </body>
</html>
<script type="text/javascript">
    var a1=true &&true; //t && t returns true
    var a2=true &&false; //t && f returns false
    var a3=false &&true; //f && t returns false
    var a4=false &&3==4; //f && f returns false
    var a5="Cat"&&"Dog"; //t && t returns Dog
    var a6=false &&"Cat"; //f && t returns false
    var a7="Cat"&&false; //t && f returns false
</script>
```

案例 14-10 展示了逻辑或运算符的使用方法。

案例 14-10　代码如下：

```
<!DOCTYPE html>
<html>
    <head>
        <meta charset="UTF-8">
        <title> 逻辑或运算符 </title>
    </head>
    <body>
    </body>
</html>
<script type="text/javascript">
    var o1=true||true; //t || t returns true
    var o2=false||true; //f || t returns true
    var o3=true||false; //t || f returns true
    var o4=false||3==4; //f || f returns false
    var o5="Cat"||"Dog"; //t || t returns Cat
    var o6=false||"Cat"; //f || t returns Cat
    var o7="Cat"||false; //t || f returns Cat
</script>
```

如果逻辑与运算符和逻辑或运算符混合使用，需要注意这两个运算符的优先级，其中逻辑与运算符的优先级高于逻辑或运算符的优先级。

5. 条件运算符

条件运算符是 JavaScript 中唯一需要 3 个操作数的运算符，运算结果根据给定条件在两个值中取其一。条件运算符的语法如下：

```
var name = (condition) ? value1:value2
```

如果条件为真，则值为 value1，否则值为 value2。

下面是条件运算符的示例。

```
var status = age>=18 ? "成年" :"未成年";
```

上述示例表示判断 age 变量的值是否大于等于 18，如果满足条件，则 age 的值为“成年”，否则 age 的值为“未成年”。

拓展作业

1. 如图 14-1 所示，输入两个数，并求出第一个数除以第二个数的余数，弹窗显示结果。

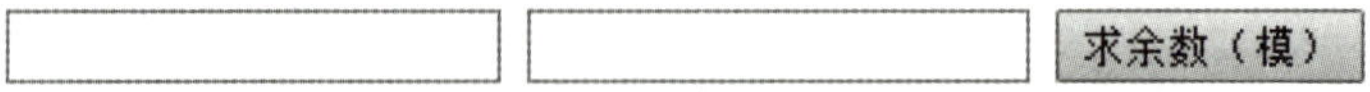

图 14-1　求余数示例图

2. 判断下面表达式的结果。

```
!a && b>=25 && !(b<=60&&c||b%2==0) && d<=55
```

第 15 章　JavaScript 函数

学习目标

1. 掌握 JavaScript 函数的语法。
2. 掌握 JavaScript 函数参数的特征和使用。
3. 掌握 JavaScript 函数返回值的作用。
4. 掌握 JavaScript 函数作用域的特性。
5. 掌握 JavaScript 函数闭包的特性。

学习内容

15.1 理解函数

函数是 JavaScript 中的基本组件之一，是包裹在花括号中的代码块，使用 function 关键词来创建函数。函数语法如下：

```
function functionname(){
    //执行代码
}
```

函数的目的是将一部分代码放到一起，组成一个代码块，在需要时直接执行。因此函数在定义后不会自动执行，需要手动调用函数，函数内的代码才会被执行。

使用函数的方法是通过函数名和小括号来调用，如 functionname()，函数名后面的 () 是必需的，不可省略。

案例 15-1 展示了函数的使用方法。

案例 15-1　代码如下：

```
<!DOCTYPE html>
<html>
    <head>
        <meta charset="UTF-8">
        <title> 函数 </title>
    </head>
    <body>
```

```
        <!-- 在 onclick 属性中使用方法 -->
        <button onclick="sum()"> 点击计算 10+20 的结果 </button>
    </body>
</html>
<script type="text/javascript">
    //通过关键词 function 来定义方法，方法名后面必须跟 ()
    function sum() {
        var a=10;
        var b=20;
        var c=a+b;
        alert(c)
    }
</script>
```

案例 15-1 的显示效果如图 15-1 所示。

图 15-1　使用函数的显示效果图

15.2 参　　数

在函数的 () 内可以添加参数，参数用于向函数内传入数据。参数也是变量，只是在函数中有了一个特殊的名称，叫作“参数”。参数只能在当前函数内使用，不能在函数外部或者其他函数中使用。如 function fun(x,y) 表示该函数允许通过参数往函数内传入两个数据，第一个数据使用 x 参数存储，第二个数据使用 y 参数存储。

创建函数时参数默认值为 undefined，使用函数时为参数指定实际的值。如 fun(4,6) 表示指定 x 参数的值为 4，y 参数的值为 6。参数有严格的先后顺序。

参数在不同的位置有不同的名称，在创建函数时参数叫作“形参”，因为这时的参数没有具体的值，只是形式上的，没有实际意义。在使用函数时，会给参数指定实际的值，如 fun(4,6)，这里的 4 和 6 是有意义的值，因此称为“实参”。

案例 15-2 展示了函数参数的使用方法。

案例 15-2　代码如下：

```
<!DOCTYPE html>
<html>
    <head>
        <meta charset="UTF-8">
        <title> 函数参数 </title>
    </head>
```

```
    <body></body>
</html>
<script type="text/javascript">
    //通过关键词 function 来定义方法
    //方法的 () 中定义了 a,b 两个参数
    function sum(a,b) {
        var c=a+b;
        alert(c)
    }
    //使用函数，每次使用函数都是执行函数内的代码
    //并且将指定的值传递给函数对应的参数
    //其中 a=6，b=6
    sum(5,6)
</script>
```

每次使用函数都会执行函数中的代码，参数会使函数产生变化。函数的意义在于实现代码的复用。

15.3 返 回 值

在使用函数时我们希望获取函数最终计算得到的结果，这时函数的返回值就发挥了作用，函数中可以使用 return 语句返回一个结果，并且在函数外部可接收该返回值。return 语句的另一个作用是终止函数的执行。在执行 return 语句后，函数会立即停止，并返回指定的值，return 语句之后的代码不会被执行，所以 return 语句一般都是在函数的末尾。虽然 return 语句只会执行一次，但是可以结合分支语句，在不同情况下返回不同的结果。

案例 15-3 展示了使用 return 语句返回函数计算结果的方法。

案例 15-3　代码如下：

```
<!DOCTYPE html>
<html>
    <head>
        <meta charset="UTF-8">
        <title> 函数返回值 </title>
    </head>
    <body></body>
</html>
<script type="text/javascript">
    //通过关键词 function 来定义方法
    //传入两个参数
```

```
        function getMax(a,b) {
            if(a>b) {
                return a
            } else {
                return b
            }
        }
        //使用函数，并且获取函数的返回值，存储到 max 变量中
        var max=getMax(5,6)
        console.log(max)
    </script>
```

函数的 return 语句只能返回一个值。如果需要返回多个值，则可以返回第 17 章中介绍的分数组。

15.4 函数作用域

函数内定义的变量不能在函数之外的任何地方使用，因为变量只是在该函数的作用域内定义，而每个函数都有其独立的作用域。所谓作用域，可以理解为作用范围，也就是变量的有效范围。在 js 文件中直接定义的变量的作用域为全局作用域，在某个函数或者代码块内定义的变量的作用域为局部作用域。一般情况下，局部作用域内可以访问全局作用域的变量或函数，反之，全局作用域内无法访问局部作用域内的变量或函数。

案例 15-4 展示了作用域的特征。

案例 15-4 代码如下：

```
<!DOCTYPE html>
<html>
    <head>
        <meta charset="UTF-8">
        <title> 函数作用域 </title>
    </head>
    <body></body>
</html>
<script type="text/javascript">
    //下面的变量定义在全局作用域中
    const num1=20;
    const num2=3;
    const name="Chamakh";
    //此函数定义在全局作用域中
```

```
    function multiply() {
        return num1*num2;
    }
    console.log(multiply()); // 60

    //嵌套函数示例
    function getScore() {
        const num1=2;
        const num2=3;
        //函数内的函数
        function add() {
            return `${name} 的得分为 ${num1 + num2}`;
        }
        return add();
    }
    console.log(getScore()); //"Chamakh 的得分为 5"
</script>
```

在使用''定义的字符串内可以使用“$”“{}”语句引用指定变量或表达式。

15.5　嵌套函数和闭包

在一个函数内可以嵌套另外一个函数，被嵌套(内部)函数对其容器(外部)函数是私有的。

每个函数自身都形成了一个闭包(closure)，闭包可以拥有独立变量，并且绑定了这些变量的环境的表达式(通常是函数)。既然嵌套函数是一个闭包，就意味着一个嵌套函数可以“继承”容器函数的参数和变量。换句话说，内部函数包含外部函数的作用域。

案例 15-5 展示了嵌套函数的使用规则。

案例 15-5　代码如下：

```
<!DOCTYPE html>
<html>
    <head>
        <meta charset="UTF-8">
        <title> 嵌套函数和闭包 </title>
    </head>
    <body></body>
</html>
<script type="text/javascript">
```

```
    function addSquares(a,b) {
        function square(x) {
            return x*x;
        }
        return square(a)+square(b);
    }
    console.log(addSquares(2,3)); //13
    console.log(addSquares(3,4)); //25
    console.log(addSquares(4,5)); //41
</script>
```

由于内部函数 square 形成了闭包，因此它可以访问外部函数的参数和变量，但是外部函数不能使用它的参数和变量。如果外部函数返回的是内部函数，而不是返回某个值，那么函数的调用会发生变化。

案例 15-6 展示了嵌套函数的这一规则。

案例 15-6 代码如下：

```
<!DOCTYPE html>
<html>
    <head>
        <meta charset="UTF-8">
        <title> 嵌套函数和闭包 </title>
    </head>
    <body></body>
</html>
<script type="text/javascript">
    function outside(x) {
        function inside(y) {
            console.log(y)
            return x+y;
        }
        return inside;
    }
    //调用外部函数得到一个内部函数，参数 x=3
    const fnInside = outside(3);
    //调用内部函数并且传参，参数 y=5
    console.log(fnInside(5)); //8
    //第 1 个括号为外层函数传参，第 2 个括号为内层函数传参
    console.log(outside(3)(5)); //8
</script>
```

在案例 15-6 中，inside 被返回时 x 是怎么被保留下来的呢？一个闭包必须保存它可见

作用域中的所有参数和变量，因为每一次调用传入的参数都可能不同，每一次对外部函数的调用实际上都重新创建了一遍 inside 形成的闭包。只有当返回的 inside 没有再被引用时，内存才会被释放。

函数可以被多层嵌套，如函数 A 可以包含函数 B，函数 B 可以再包含函数 C。这里的函数 B 和 C 都形成了闭包，所以 B 可以访问 A，C 可以访问 B。此外，因为 C 可以访问 B(而 B 可以访问 A)，所以 C 也可以访问 A。因此，闭包可以包含多个作用域，它们递归地包含了所有函数作用域，这个称为作用域链。

拓展作业

1. 创建一个函数，读取页面上的两个数，并求出最大值，显示到页面上，如图 15-2 所示。

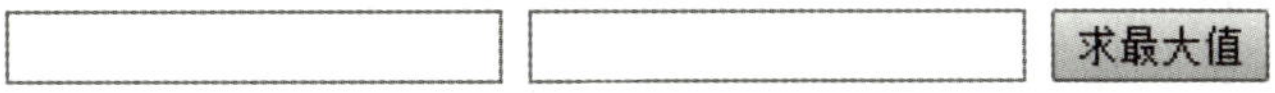

图 15-2 创建函数示例图

2. 创建一个函数，实现任意两个值的加法。如果是数字，则返回加法运算；如果是非数字，则返回空字符串 (" ")。

第 16 章　JavaScript 语句

学习目标

1. 掌握 JavaScript 条件语句的使用。
2. 掌握 JavaScript 获取和修改 HTML 元素的方法。
3. 掌握 JavaScript 常用事件的使用。
4. 掌握 JavaScript 循环语句的使用。
5. 掌握 JavaScript 中 break 和 continue 关键词的使用。

学习内容

16.1　条 件 语 句

在 JavaScript 中可使用以下条件语句：

(1) if 语句：当指定条件为 true 时，执行指定代码。

(2) else 语句：当条件为 true 时，执行一段代码；当条件为 false 时，执行另一段代码。

(3) else if 语句：使用该语句来选择并执行多个代码块中的一个。

16.1.1　if 语句

只有当指定条件为 true 时，if 语句内的代码才会执行。

if 语句的语法如下：

```
if ( 条件 ) {
    //当条件为 true 时执行的代码
}
```

案例 16-1 展示了 if 语句的使用方法。

案例 16-1　代码如下：

```
<!DOCTYPE html>
<html>
    <head>
        <meta charset="UTF-8">
```

```
        <title>if 语句 </title>
    </head>
    <body>
    </body>
</html>
<script type="text/javascript">
    var age=10;
    if(age>3) {
        //下面这句话会弹出警告框，显示内容“我不是 3 岁小孩”
        alert('我不是 3 岁小孩');
    }
</script>
```

在案例 16-1 中，alert() 函数使浏览器显示一个带有可选信息的对话框，并等待用户关闭该对话框。

16.1.2 else 语句

else 语句弥补了 if 语句的不足，允许在不满足条件时执行另外的代码。if 分支的代码和 else 分支的代码只会执行其一，不可能同时执行。

else 语句的语法如下：

```
if(condition) {
    //当条件为 true 时执行的代码
} else {
    //当条件不为 true 时执行的代码
}
```

案例 16-2 展示了 else 语句的使用方法。

案例 16-2 代码如下：

```
<!DOCTYPE html>
<html>
    <head>
        <meta charset="UTF-8">
        <title></title>
    </head>
    <body>
    </body>
</html>
<script type="text/javascript">
    var age=1;
    if(age>3) {
```

```
            //下面这句话会弹出警告框，显示内容“我不是 3 岁小孩”
            alert('我不是 3 岁小孩');
        } else {
            //下面这句话会弹出警告框，显示内容“我是 3 岁小孩”
            alert('我是'+ age + '岁小孩');
        }
</script>
```

else 语句就是二选一，一定会执行一个分支的代码，也只会执行其中一个分支的代码。

16.1.3 else…if 语句

else...if 语句作为 if...else 语句的补充，可以根据多个不同的条件分为多个分支代码执行。同样地，else...if 语句也只会执行多个分支之一。

else...if 语句的语法如下：

```
if (condition1) {
  //当条件 1 为 true 时执行的代码
}
else if (condition2) {
  //当条件 2 为 true 时执行的代码
}
...
else{
    //当条件 1 和条件 2 都不为 true 时执行的代码
}
```

无论有多少个条件为 true 的分支，永远都只会执行第一个条件为 true 的分支的代码，后续分支即使条件为 true 也不会执行。

案例 16-3 展示了 else...if 语句的使用方法。

案例 16-3　代码如下：

```
<!DOCTYPE html>
<html>
    <head>
        <meta charset="UTF-8">
        <title>else...if 语句 </title>
    </head>
    <body></body>
</html>
<script type="text/javascript">
    var mark=90;
    if (mark<60) {
        //下面这句话会弹出警告框，显示内容“差”
```

```
        alert('差');
    }else if(mark>=60 && mark<70){
        //下面这句话会弹出警告框，显示内容“及格”
        alert('及格');
    }else if(mark>=70 && mark<80){
        //下面这句话会弹出警告框，显示内容“良好”
        alert('良好');
    }else if(mark>=80 && mark<90){
        //下面这句话会弹出警告框，显示内容“优秀”
        alert('优秀');
    }else{
        //下面这句话会弹出警告框，显示内容“完美”
        alert('完美');
    }
</script>
```

else...if 语句经常用于多条件判断和枚举类型选择等场景。

16.2 开关语句

开关语句 (switch) 就像开关一样，可以选择不同的挡位。和 else...if 语句不同的是，开关语句可以单分支执行，也可以多分支执行。

switch 语句的语法如下：

```
switch( 表达式 ) {
    case n:
        代码块
        break;
    case n:
        代码块
        break;
    default:
        默认代码块
}
```

switch 语句将表达式的值与 case 子句匹配，并执行与该 case 相关联的语句。如果给定 switch 语句中的 default 子句，这条子句会在表达式的值与所有 case 语句均不匹配时执行。switch 语句中的 break 语句会中断执行 switch 语句。

案例 16-4 展示了 switch 语句的使用方法。

案例 16-4 代码如下：

```
<!DOCTYPE html>
```

```
<html>
    <head>
        <meta charset="UTF-8">
        <title>switch 语句 </title>
    </head>
    <body></body>
</html>
<script type="text/javascript">
    var d=0;
    switch(d) {
        case 0:
            alert("今天是星期日");
            break;
        case 1:
            alert("今天是星期一");
            break;
        case 2:
            alert("今天是星期二");
            break;
        case 3:
            alert("今天是星期三");
            break;
        case 4:
            alert("今天是星期四");
            break;
        case 5:
            alert("今天是星期五");
            break;
        case 6:
            alert("今天是星期六");
            break;
        default:
            alert("无效值")
    }
</script>
```

switch 语句首先会计算其表达式，然后从第一个 case 子句开始直到找到值相等的子句，并执行相关的 case 子句。

switch 语句使用严格运算符“===”判断表达式和 case 的值是否相等。如果多个 case 与表达式的值匹配，则选择匹配第一个 case 子句。

16.3 循环语句

循环语句用于反复运行指定的代码块，和条件语句一样，也需要判断条件。只有当条件为 true 时，循环语句才会反复执行，直到条件变为 false 后，循环才会终止。

16.3.1 while 循环

while 循环语句是循环语句中的一种，类似于 if 语句。当表达式为 true 时，循环会一直执行。

while 循环语句的语法如下：

```
while ( 表达式 ) {
    //需要执行的代码
}
```

案例 16-5 展示了循环生成标题标记并且显示到浏览器上的过程。

案例 16-5　代码如下：

```
<!DOCTYPE html>
<html>
    <head>
        <meta charset="UTF-8">
        <title>while 循环语句 </title>
    </head>
    <body>
        <div id="test"></div>
    </body>
</html>
<script type="text/javascript">
    var i=1;
    while(i<=6) {
        var el='<h'+ i + '>'+ ' 第 '+ i + ' 级标题 '+ '</h'+ i + '>'
        document.getElementById('test').innerHTML+=el;
        i++;
    }
</script>
```

在案例 16-5 中，通过字符串拼接的方式生成了 6 级标题标签，并通过 document.getElementById() 函数查找到 id="test" 的 div 元素，再通过 innerHTML 属性给 div 元素设置 div 显示的内容。

16.3.2 do...while 循环

do...while 循环是 while 循环的变体，其特点是先执行一次代码，然后判断条件是否为 true。如果条件为 true，则执行循环，直到条件变成 false 为止。因此，do...while 循环的执行次数为 1～n 次，而 while 的执行次数为 0～n 次。

do...while 循环语句的语法如下：

```
do {
    // 需要执行的代码
} while ( 表达式 );
```

案例 16-6 展示了 do...while 循环的使用方法。

案例 16-6 代码如下：

```
<!DOCTYPE html>
<html>
    <head>
        <meta charset="UTF-8">
        <title>do...while 循环语句 </title>
    </head>
    <body>
        <div id="test"></div>
    </body>
</html>
<script type="text/javascript">
    var i=1;
    do{
        document.getElementById('test').innerHTML+='<h'+i+'>'+' 第 '+i+' 级标题 ';
        i++;
}while (i >= 6)
</script>
```

案例 16-6 和案例 16-5 的显示效果一样。

16.3.3 for 循环

for 循环包含 3 个可选的表达式，这 3 个表达式被包围在圆括号之中，使用分号分隔，其后跟一个用于在循环中执行的语句。

for 循环的语法如下：

```
for ( 表达式 1;表达式 2;表达式 3) {
  //被执行的代码块
}
```

表达式 1 会在循环开始之前执行一次；表达式 2 为循环条件，每一轮循环都会判断是否满足条件，条件为 true 时执行循环，条件为 flase 时终止循环；表达式 3 在每一轮循环结束后且下一轮循环开始前执行。

案例 16-7 展示了 for 循环的使用方法。

案例 16-7　代码如下：

```
<!DOCTYPE html>
<html>
    <head>
        <meta charset="UTF-8">
        <title>for 循环语句 </title>
    </head>
    <body></body>
</html>
<script type="text/javascript">
    for(var i=0;i<5;i++) {
        document.write("第"+ i + "循环 <br>");
    }
</script>
```

JavaScript 的 3 种循环语句本质上是一样的，只是写法不同。

16.4　break 语句

break 语句用于终止当前循环语句、switch 语句或 label 语句。break 语句包含一个可选的标记，可允许程序摆脱一个被标记的语句。break 语句不能在 function 函数体中直接使用，应嵌套在需要中断的循环语句、switch 语句或 label 语句中。

break 语句的语法如下：

```
break [label];
```

label 子句是可选的，但是如果 break 语句不在循环或 switch 语句中，则该项是必需的。

16.4.1　循环中的 break

所有循环语句内都支持 break 语句，可以终止循环的执行。

案例 16-8 的循环里有 break 语句，当 i 为 3 时，break 语句会终止 while 循环，然后返回 3*5 的值。

案例 16-8　代码如下：

```
<!DOCTYPE html>
<html>
    <head>
        <meta charset="UTF-8">
        <title>break 语句 </title>
```

```
    </head>
    <body></body>
</html>
<script type="text/javascript">
    var i=0;
    while(i<6) {
        if(i==3) {
            break;
        }
        i+=1;
    }
    document.write(i * 5)
</script>
```

循环中的 break 语句通常在特殊条件下执行，如果循环一开始就执行 break 语句，则循环会立即终止。

16.4.2 label 中的 break

break 语句还可以和被标记的块语句一起使用，用于跳出某一块语句。

案例 16-9 展示了 break 在 label 中的使用方法。

案例 16-9 代码如下：

```
<!DOCTYPE html>
<html>
    <head>
        <meta charset="UTF-8">
        <title>break 语句 </title>
    </head>
    <body></body>
</html>
<script type="text/javascript">
    outer_block: {
        inner_block: {
            console.log("1"); //执行
            break inner_block;
            console.log(":-("); //不执行
        }

        break outer_block;
        console.log("2"); //不执行
    }
</script>
```

在案例 16-9 中，inner_block 内嵌在 outer_block 中，break inner_block; 语句会终止 inner_block 块语句，并继续执行 outer_block 块语句。

16.5　continue 语句

continue 语句用于跳过当前循环语句或 label 语句的一轮循环，并继续执行下一轮循环。

continue 语句的语法如下：

```
continue [label];
```

label 子句是可选的，但是如果 continue 语句不在循环或 switch 语句中，则该项是必需的。

continue 语句与 break 语句的区别在于：continue 语句不会终止循环，而 break 语句会终止循环。

16.5.1　循环中的 continue

在案例 16-10 中，while 循环内的 continue 语句在 i = 3 时执行，因此输出结果中没有 3。

案例 16-10　代码如下：

```
<!DOCTYPE html>
<html>
    <head>
        <meta charset="UTF-8">
        <title>continue 语句 </title>
    </head>
    <body></body>
</html>
<script type="text/javascript">
    var text='';
    for(var i=0;i<10;i++) {
        if(i===3) {
            continue;
        }
        text=text+i;
    }
    console.log(text);
</script>
```

循环中的 continue 语句常用于跳过指定条件的代码。

16.5.2　label 中的 continue

continue 语句可以包含一个可选的标号以控制程序跳转到指定循环的下一次迭代。

在案例 16-11 中，被标记为 checkiandj 的语句包含一个被标记为 checkj 的语句。当遇到 continue 语句时，程序回到 checkj 语句的开始继续执行。每次遇到 continue 时，再次执行 checkj 语句，直到条件判断返回 false 之后完成 checkiandj 语句剩下的部分。如果 continue 的标号被改为 checkiandj，那么程序将会从 checkiandj 语句的开始继续运行。

案例 16-11　代码如下：

```
<!DOCTYPE html>
<html>
    <head>
        <meta charset="UTF-8">
        <title>continue 语句 </title>
    </head>
    <body></body>
</html>
<script type="text/javascript">
    var i=0,
        j=8;
    checkiandj: while(i<2) {
        i+=1;
        checkj: while(j>3) {
            console.log("i: "+ i + ",j: "+ j + "是奇数 ");
            j-=1;
            if(j%2==0) {
                continue checkj;
            }
        }
    }
</script>
```

label 子句可以搭配循环语句一起使用，实现 break 和 continue 语句的精准控制。

拓展作业

1. 实现如图 16-1 所示的效果，并且能够求出两个数的最大公约数。

图 16-1　示例图 1

2. 实现如图 16-2 所示的效果，输入任意正数并求出该数字的位数。

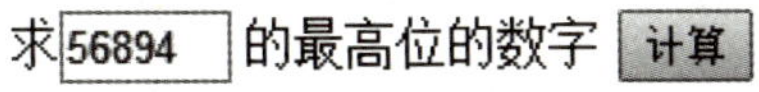

图 16-2　示例图 2

3. 实现如图 16-3 所示的效果，输入一个数，再输入一个次方数，求出第一个数的 N 次方结果。

图 16-3　示例图 3

第 17 章　JavaScript 数组

学习目标

1. 掌握 JavaScript 数组的申明和初始化。
2. 掌握 JavaScript 数组遍历的方法。
3. 掌握 JavaScript 数组增删改查的方法。
4. 掌握 JavaScript 数组参数数组的使用。

学习内容

17.1 理解数组

数组是一种特殊的变量，是一种将一组数据存储在一个变量内的特殊存储结构。

设想一下，当需要存储 10 000 个学生的成绩时，如果创建 10 000 个不同名称的变量会特别麻烦，因此诞生了数组来解决类似的问题。

下面是使用一个数组来存储多个数字的示例：

```
var marks = [68,78,98,85,68,69,86,85,89,91]
```

在 JavaScript 中，数组不是基本类型，而是引用数据类型。数组的存储空间大小可以调整，并且可以包含不同的数据类型。

数组的索引从 0 开始，第 1 个元素在索引 0 处，第 2 个元素在索引 1 处，依次类推，最后一个元素在数组的长度属性减去 1 处。

17.2 创建数组

创建数组有方括号和 new 关键词两种方法，无论是哪一种方法，其原理是一样的，只是写法不同而已。

1. 方括号创建数组

使用方括号 ([]) 创建数组是一种简写，并且使用逗号分隔数组的每一个元素。

案例 17-1 展示了方括号创建数组的使用方法。

案例 17-1 代码如下：

```
<!DOCTYPE html>
<html>
    <head>
        <meta charset="UTF-8">
        <title> 数组 </title>
    </head>
    <body></body>
</html>
<script type="text/javascript">
    var marks=[1,2,3,6,5,4,7,8,9]
</script>
```

使用方括号创建数组相当于使用 new 关键词创建数组的一种简写。

2. new 关键词创建数组

使用 new 关键词创建数组是创建对象的标准语法，所以数组也是一种特殊的对象，使用 Array 表示。对象的概念将在第 19 章中介绍。

案例 17-2 展示了 new 关键词创建数组的使用方法。

案例 17-2 代码如下：

```
<!DOCTYPE html>
<html>
    <head>
        <meta charset="UTF-8">
        <title> 数组 </title>
    </head>
    <body></body>
</html>
<script type="text/javascript">
    var marks=new Array(1,2,3,6,5,4,7,8,9)
    console.log(marks)
</script>
```

创建数组时可以直接在 Array() 函数的参数列表中指定数组默认存储的值，多个值需要使用逗号分隔。在开发过程中，往往在创建数组时不确定数组中应该存储什么值，而是在后续的业务中逐渐往数组中添加值，遇到这种情况可以先创建一个空数组，然后往数组中添加新的值。

案例 17-3 展示了数组的使用方法。

案例 17-3 代码如下：

```
<!DOCTYPE html>
<html>
    <head>
```

```
        <meta charset="UTF-8">
        <title> 数组 </title>
    </head>
    <body></body>
</html>
<script type="text/javascript">
    var marks=new Array()
    marks[0]=1
    marks[1]=3
    marks[2]=55
    marks[3]=123
    marks[4]=-1
    console.log(marks)
</script>
```

先创建数组再给数组赋值是比较常用的方式，更符合真实的业务场景。

17.3 访问数组元素

通过数组名和索引可以访问数组中的任意一个元素，如 arr[0] 访问数组的第 1 个元素，arr[1] 访问数组的第 2 个元素。

案例 17-4 展示了通过数组下标获取数组中第 3 个元素的值的方法。

案例 17-4 代码如下：

```
<!DOCTYPE html>
<html>
    <head>
        <meta charset="UTF-8">
        <title> 数组 </title>
    </head>
    <body></body>
</html>
<script type="text/javascript">
    var marks=[1,3,5,7,9]
    //获取 marks 数组中索引为 2，也就是第 3 个元素的值
    //将获取的值赋值给 three 变量
    var three = marks[2] //结果为 5
</script>
```

数组中存储的数据也是可以被修改的。通过索引既可以修改数组元素的值，又可以通过使用 length 属性获取数组的长度 (数组中有多少项元素)。length 属性是动态变化的，数

组增加和删除元素时都会自动变化，甚至还可以手动修改 length 属性值以修改数组的长度。

案例 17-5 展示了修改数组中倒数第 2 个元素的值的方法。

案例 17-5　代码如下：

```
<!DOCTYPE html>
<html>
    <head>
        <meta charset="UTF-8">
        <title> 数组 </title>
    </head>
    <body></body>
</html>
<script type="text/javascript">
    var marks=[1,3,5,7,9]
    //marks.length 获取数组的长度，既数组存储的元素个数
    //marks.length-2 表示倒数第 2 个元素
    //将倒数第 2 个元素的值修改为 888
    marks[marks.length-2] = 888
    //修改数组的长度减 1
    marks.length=marks.length - 1
    //最后一个元素在修改长度时被自动删除了
    console.log(marks) //1,3,5,888
</script>
```

手动修改数组的 length 属性后，数组中存储的值也会受影响，如将 length 属性从 10 修改为 5 后，数组中的后 5 个值会丢失。

17.4　数组遍历

由于数组的索引结构，数组可以和循环一起使用，用于循环遍历数组中的元素，尤其是 for 循环中的自变量 i 能够完美地与数组的索引结合。

案例 17-6 展示了 for 循环遍历数组的使用方法。

案例 17-6　代码如下：

```
<!DOCTYPE html>
<html>
    <head>
        <meta charset="UTF-8">
        <title> 数组遍历 </title>
    </head>
    <body></body>
```

```
</html>
<script type="text/javascript">
    var marks=[56,89,98,77,59]
    //统计总分
    var sum=0
    for(var i=0;i<marks.length;i++) {
        //累积求和
        sum=sum+marks[i]
    }
    console.log(sum) //sum=379
</script>
```

为了更方便使用 for 循环遍历数组，JavaScript 中提供了一种增强型 for 循环。

案例 17-7 展示了增强 for 循环求平均分的使用方法。

案例 17-7　代码如下：

```
<!DOCTYPE html>
<html>
    <head>
        <meta charset="UTF-8">
        <title> 数组遍历 </title>
    </head>
    <body></body>
</html>
<script type="text/javascript">
    var marks=[56,89,98,77,59]
    //假设数组中的第 1 个元素是最大值
    var max=marks[0]
    for(var i in marks) {
        //和每个元素对比，判断是否有比 max 更大的元素
        if (max<marks[i]) {
            //将最大值存储到 max 中
            max=marks[i]
        }
    }
    console.log(max) //max=98
</script>
```

在遍历数组时，我们常常只关注数组中每个元素的值，而不关注对应的索引，在这种情形下可以使用一个特殊的 for...of 循环。

案例 17-8 展示了使用 for...of 循环求及格人数的方法。

案例 17-8　代码如下：

```
<!DOCTYPE html>
<html>
    <head>
        <meta charset="UTF-8">
        <title> 数组遍历 </title>
    </head>
    <body></body>
</html>
<script type="text/javascript">
    var marks=[56,89,98,77,59]
    //及格人数
    var count=0
    for(var value of marks) {
        if(value>=60) {
            count++
        }
    }
    console.log(count) //count=3
</script>
```

for...of 循环语句中每轮循环得到的值不是索引，而是每个索引对应的值。

17.5 参数数组

参数数组不再推荐使用，虽然一些浏览器仍然支持它，但以后会被移除。如果在创建函数时不确定参数的个数，可以使用参数数组。

参数数组又叫可变参数，可以接受任意多个参数，而且创建函数时不需要指定参数个数，而是在使用函数时确定参数个数。参数数组就是函数中一个特殊的数组，该数组用于接受和存储函数的所有参数，并且按照参数的传入顺序存储。

案例 17-9 展示了使用参数数组过滤不及格分数的方法。

案例 17-9　代码如下：

```
<!DOCTYPE html>
<html>
    <head>
        <meta charset="UTF-8">
        <title> 数组遍历 </title>
    </head>
    <body></body>
```

```
</html>
<script type="text/javascript">
    //创建函数时不指定参数列表
    function flunk() {
        //筛选不及格的分数
        var mark=[]
        for(var value of arguments) {
            if(value<60) {
                //向数组末尾添加新元素
                mark[mark.length]=value
            }
        }
        //通过返回值返回结果
        return mark //[56,59]
    }
    //使用函数，并且传入任意个数的分数
    var res = flunk(56, 89, 98, 77, 59)
    console.log(res) //[56,59]
</script>
```

参数数组 arguments 本质上不是数组，而是对象，但是可以像数组一样使用。

拓展作业

1. 将下面数组中小于 50 的数筛选出来，并且显示到页面上。

[12, 55, 4, 65, 178, 15, 33, 66, 594, 225]

2. 求下面数组中所有 2 位数的数字的和。

[33, 24, 5, 94, 1, 649, 616, 456, 21]

3. 将下面数组元素调换顺序，也就是把第 1 个放到最后一个，第 2 个放到倒数第 2 个，以此类推。

[56, 87, 225, 49, 124, 33]

第 18 章　JavaScript 数组内置函数

学习目标

1. 掌握 JavaScript 数组内置函数语法。
2. 掌握 JavaScript 数组内置函数的使用。
3. 掌握 JavaScript 数组内置函数的使用技巧。
4. 掌握 JavaScript 数组遍历的常用函数。

学习内容

数组的 Array 对象内置了很多实用的函数，使用这些函数可以大幅度提升编程效率和代码质量。

18.1　数组操作函数

18.1.1　concat()

concat() 函数用于合并两个或多个数组。此方法不会更改现有数组，而是返回一个新数组。

concat() 函数的语法如下：

```
array1.concat(array2,array3,...,arrayX);
```

案例 18-1 展示了 concat() 函数的使用方法。

案例 18-1　代码如下：

```
<!DOCTYPE html>
<html>
    <head>
        <meta charset="UTF-8">
        <title>concat()</title>
    </head>
    <body></body>
</html>
```

```
<script type="text/javascript">
    const num1=[1,2,3];
    const num2=[4,5,6];
    const num3=[7,8,9];
    const numbers=num1.concat(num2,num3);
    console.log(numbers);
    //results in [1,2,3,4,5,6,7,8,9]
</script>
```

18.1.2 push()

push() 函数用于将指定的元素添加到数组的末尾，并返回新的数组长度。

push() 函数的语法如下：

```
array.push(item1,item2,...,itemX);
```

案例 18-2 展示了 push() 函数的使用方法。

案例 18-2　代码如下：

```
<!DOCTYPE html>
<html>
    <head>
        <meta charset="UTF-8">
        <title>push()</title>
    </head>
    <body></body>
</html>
<script type="text/javascript">
    const sports=["A","B"];
    const total=sports.push("C","D");

    console.log(sports); //['A','B','C','D']
    console.log(total); //4
</script>
```

18.1.3 pop()

pop() 函数用于从数组中删除最后一个元素，并返回该元素的值。此方法会更改数组的长度。

pop() 函数的语法如下：

```
array.pop()
```

案例 18-3 展示了 pop() 函数的使用方法。

案例 18-3　代码如下：

```
<!DOCTYPE html>
<html>
    <head>
        <meta charset="UTF-8">
        <title>pop()</title>
    </head>
    <body></body>
</html>
<script type="text/javascript">
    const myFish=["A","B","C","D"];
    const popped = myFish.pop();
    console.log(myFish); //['A','B','C']
    console.log(popped); //'D'
</script>
```

18.1.4　shift()

shift() 函数用于从数组中删除第 1 个元素，并返回该元素的值。此方法会更改数组的长度。

shift() 函数的语法如下：

```
array.shift()
```

案例 18-4 展示了 shift() 函数的使用方法。

案例 18-4　代码如下：

```
<!DOCTYPE html>
<html>
    <head>
        <meta charset="UTF-8">
        <title>shift()</title>
    </head>
    <body></body>
</html>
<script type="text/javascript">
    const myFish=["A","B","C","D"];

    console.log("调用 shift 之前："+ myFish);
    //调用 shift 之前：['A','B','C','D']

    const shifted=myFish.shift();
    console.log("调用 shift 之后："+ myFish);
    //调用 shift 之后：['B','C','D']
```

```
    console.log("被删除的元素："+ shifted);
    //"被删除的元素：A"
</script>
```

18.1.5 unshift()

unshift() 函数用于将指定元素添加到数组的开头，并返回数组的新长度。

unshift() 函数的语法如下：

```
array.unshift(item1,item2,...,itemX)
```

案例 18-5 展示了 unshift() 函数的使用方法。

案例 18-5 代码如下：

```
<!DOCTYPE html>
<html>
    <head>
        <meta charset="UTF-8">
        <title>unshift()</title>
    </head>
    <body></body>
</html>
<script type="text/javascript">
    const arr=[1,2];
    arr.unshift(0); //调用的结果是 3，这是新的数组长度
    //数组是 [0,1,2]
    arr.unshift(-2,-1); //新的数组长度是 5
    //数组是 [-2,-1,0,1,2]
    arr.unshift([-4,-3]); //新的数组长度是 6
    //数组是 [[-4,-3],-2,-1,0,1,2]
    arr.unshift([-7,-6],[-5]); //新的数组长度是 8
    //数组是 [[-7,-6],[-5],[-4,-3],-2,-1,0,1,2]
</script>
```

18.1.6 reverse()

reverse() 函数用于就地反转数组中的元素，并返回同一数组的引用。数组的第 1 个元素变成最后一个元素，数组的最后一个元素变成第 1 个元素。

reverse() 函数的语法如下：

```
array.reverse()
```

案例 18-6 展示了 reverse() 函数的使用方法。

案例 18-6 代码如下：

```
<!DOCTYPE html>
<html>
    <head>
        <meta charset="UTF-8">
        <title>reverse()</title>
    </head>
    <body></body>
</html>
<script type="text/javascript">
    const numbers=[3,2,4,1,5];
    const reversed=numbers.reverse();
    //numbers 和 reversed 的顺序都是颠倒的 [5,1,4,2,3]
    reversed[0]=5;
    console.log(numbers[0]); //5
</script>
```

如果想要在不改变原始数组的情况下反转数组中的元素，则可以使用 toReversed() 函数。

18.1.7 toReversed()

toReversed() 函数是 reverse() 函数对应的复制版本，它返回一个元素顺序相反的新数组。toReversed() 函数的语法如下：

```
array.toReversed()
```

案例 18-7 展示了 toReversed() 函数的使用方法。

案例 18-7 代码如下：

```
<!DOCTYPE html>
<html>
    <head>
        <meta charset="UTF-8">
        <title>toReversed()</title>
    </head>
    <body></body>
</html>
<script type="text/javascript">
    const items=[1,2,3];
    console.log(items); //[1,2,3]

    const reversedItems=items.toReversed();
    console.log(reversedItems); //[3,2,1]
    console.log(items); //[1,2,3]
</script>
```

18.1.8 sort()

sort() 函数用于对数组的元素进行排序，并返回相同数组的引用。sort() 函数默认排序方式是将元素转换为字符串，然后按照它们的 UTF-16 码的值升序排序，因此无法保证排序的时间复杂度和空间复杂度。

sort() 函数的语法如下：

```
array.sort()
array.sort(compareFn(a,b))
```

如果提供了 compareFn 比较函数，所有非 undefined 的数组元素都会按照 compareFn 比较函数的返回值进行排序，默认所有 undefined 的元素都会被排序到数组的末尾，并且不会调用 compareFn 比较函数。

案例 18-8 展示了 sort() 函数的使用方法。

案例 18-8 代码如下：

```
<!DOCTYPE html>
<html>
    <head>
        <meta charset="UTF-8">
        <title>sort()</title>
    </head>
    <body></body>
</html>
<script type="text/javascript">
    const array1=[1,30,4,21,100 000];
    array1.sort();
    console.log(array1); //[1,100 000,21,30,4]

    //自定义排序规则
    array1.sort(function(a,b) {
        return a - b;
    });
    console.log(array1); //[1,4,21,30,100 000]
</script>
```

如果想要不改变原数组的排序方法，则可以使用 toSorted() 函数。

18.1.9 toSorted()

toSorted() 函数是 sort() 函数的复制方法版本，它返回一个新数组，其元素按升序排列。

toSorted() 函数的语法如下：

```
array.toSorted()
array.toSorted(compareFn(a,b))
```

案例 18-9 展示了 toSorted() 函数的使用方法。

案例 18-9 代码如下：

```
<!DOCTYPE html>
<html>
    <head>
        <meta charset="UTF-8">
        <title>toSorted()</title>
    </head>
    <body></body>
</html>
<script type="text/javascript">
    const array1=[1,30,4,21,100 000];
    var res=array1.toSorted();
    console.log(res); //[1,100 000,21,30,4]

    var res=array1.toSorted(function(a,b) {
        return a-b;
    });
    console.log(res); //[1,4,21,30,100 000]
</script>
```

18.1.10 slice()

slice() 函数用于返回一个新的数组对象，这个对象是一个由 start 和 end 决定的原数组的浅拷贝 (包括 start，不包括 end)，其中 start 和 end 代表了数组元素的索引。原始数组不会被改变。

slice() 函数的语法如下：

```
array.slice()
array.slice(start)
array.slice(start,end)
```

案例 18-10 展示了 slice() 函数的使用方法。

案例 18-10 代码如下：

```
<!DOCTYPE html>
<html>
    <head>
        <meta charset="UTf-8">
        <title>slice()</title>
    </head>
    <body></body>
</html>
```

```
<script type="text/javascript">
    const fruits=['B','O','L','A','M'];
    //fruits 包含 ['B','O','L','A','M']
    const citrus=fruits.slice(1,3);
    //citrus 包含 ['O','L']
</script>
```

18.1.11　splice()

splice() 函数用于通过移除或者替换已存在的元素或添加新元素的方式改变一个数组的内容。

splice() 函数的语法如下：

```
array.splice(start)
array.splice(start,deleteCount)
array.splice(start,deleteCount,item1)
array.splice(start,deleteCount,item1,itemN)
```

案例 18-11 展示了 splice() 函数的使用方法。

案例 18-11　代码如下：

```
<!DOCTYPE html>
<html>
    <head>
        <meta charset="UTF-8">
        <title>splice()</title>
    </head>
    <body></body>
</html>
<script type="text/javascript">
    //移除索引 2 之前的 0( 零 ) 个元素，并插入 "drum"
    const myFish1=["A","C","M","S"];
    const removed1=myFish.splice(2,0,"D");
    //运算后的 myFish1 是 ["A","C","D","M","S"]
    //removed1 是 []，没有元素被删除

    //在索引 2 处移除 1 个元素，并插入 "trumpet"
    const myFish2=["A","C","D","S"];
    const removed2=myFish2.splice(2,1,"T");
    //运算后的 myFish2 是 ["A","C","T","S"]
    //removed2 是 ["D"]
</script>
```

如果想要操作数组部分内容而不改变原数组，则可以使用 toSpliced() 函数。

18.1.12　toSpliced()

toSpliced() 函数是 splice() 函数的复制版本，它返回一个新数组，并在给定的索引处删除或替换一些元素。

toSpliced() 函数的语法如下：

```
array.toSpliced(start)
array.toSpliced(start,deleteCount)
array.toSpliced(start,deleteCount,item1)
array.toSpliced(start,deleteCount,item1,itemN)
```

案例 18-12 展示了 toSpliced() 函数的使用方法。

案例 18-12　代码如下：

```
<!DOCTYPE html>
<html>
    <head>
        <meta charset="UTF-8">
        <title>toSpliced()</title>
    </head>
    <body></body>
</html>
<script type="text/javascript">
    //移除索引 2 之前的 0( 零 ) 个元素，并插入 "drum"
    const myFish1=["A","C","M","S"];
    const removed1=myFish1.toSpliced(2,0,"D");
    //运算后的 removed1 是 ["A","C","D","M","S"]

    //在索引 2 处移除 1 个元素，并插入 "trumpet"
    const myFish2=["A","C","D","S"];
    const removed2=myFish2.toSpliced(2,1,"T");
    //运算后的 removed2 是 ["A","C","T","S"]
</script>
```

18.1.13　includes()

includes() 函数用于判断一个数组是否包含一个指定的值。如果包含一个指定的值，则返回 true，否则返回 false。

includes() 函数的语法如下：

```
array.includes(searchElement)
array.includes(searchElement,fromIndex)
```

案例 18-13 展示了 includes() 函数的使用方法。

案例 18-13　代码如下：

```
<!DOCTYPE html>
<html>
    <head>
        <meta charset="UTF-8">
        <title>includes()</title>
    </head>
    <body></body>
</html>
<script type="text/javascript">
    [1,2,3].includes(2); //true
    [1,2,3].includes(4); //false
    [1,2,3].includes(3,3); //false
    [1,2,3].includes(3,-1); //true
    [1,2,NaN].includes(NaN); //true
    ["1","2","3"].includes(3); //false
</script>
```

18.1.14 indexOf()

indexOf() 函数用于返回数组中第一次出现给定元素的下标，如果不存在，则返回 -1。indexOf() 函数的语法如下：

```
array.indexOf(searchElement)
array.indexOf(searchElement,fromIndex)
```

案例 18-14 展示了 indexOf() 函数的使用方法。

案例 18-14　代码如下：

```
<!DOCTYPE html>
<html>
    <head>
        <meta charset="UTF-8">
        <title>indexOf()</title>
    </head>
    <body></body>
</html>
<script type="text/javascript">
    const array=[2,9,9];
    array.indexOf(2); //0
```

```
    array.indexOf(7); //-1
    array.indexOf(9,2); //2
    array.indexOf(2,-1); //-1
    array.indexOf(2,-3); //0
    //没法使用 indexOf() 来搜索 NaN
    const array2=[NaN];
    array2.indexOf(NaN); //-1
</script>
```

18.1.15　join()

join() 函数用于将一个数组 (或一个类数组对象) 的所有元素连接成一个字符串并返回这个字符串，用逗号或指定的分隔符字符串分隔。如果数组只有一个元素，那么将返回该元素而不使用分隔符。

join() 函数的语法如下：

```
array.join()
array.join(separator)
```

案例 18-15 展示了 join() 函数的使用方法。

案例 18-15　代码如下：

```
<!DOCTYPE html>
<html>
    <head>
        <meta charset="UTF-8">
        <title>join()</title>
    </head>
    <body></body>
</html>
<script type="text/javascript">
    const a=["Wind","Water","Fire"];
    a.join(); //'Wind,Water,Fire'
    a.join(","); //'Wind,Water,Fire'
    a.join("+"); //'Wind + Water + Fire'
    a.join(""); //'WindWaterFire'

    //join() 将空槽视为 undefined，并产生额外的分隔符
    [1, ,3].join(); //'1,,3'
    [1, undefined, 3].join(); //'1,,3'
</script>
```

18.2 数组遍历函数

18.2.1 forEach()

forEach() 函数用于对数组的每个元素执行一次给定的函数操作。

forEach() 函数的语法如下：

```
array.forEach(callbackFn)
array.forEach(callbackFn,thisArg)
```

forEach() 函数的参数如下：

(1) callbackFn：数组中每个元素执行的函数，会丢弃它的返回值。该函数被调用时将传入以下参数：

- element 数组中正在处理的当前元素。
- index 数组中正在处理的当前元素的索引。
- array 调用了 forEach() 的数组本身。

(2) thisArg：可选，执行 callbackFn 时传入 this 对象。

案例 18-16 展示了 forEach() 函数的使用方法。

案例 18-16　代码如下：

```
<!DOCTYPE html>
<html>
    <head>
        <meta charset="UTF-8">
        <title>forEach()</title>
    </head>
    <body></body>
</html>
<script type="text/javascript">
    const items=["item1","item2","item3"];
    const copyItems = [];

    //普通 for 循环
    for (let i=0;i <items.length;i++) {
     copyItems.push(items[i]);
    }

    //forEach 循环
    items.forEach((item) =>{
     copyItems.push(item);
```

```
    });
</script>
```

18.2.2　map()

map() 函数用于创建一个新数组，这个新数组由原数组中的每个元素都调用一次提供的函数后的返回值组成。

map() 函数的语法如下：

```
array.map(callbackFn)
array.map(callbackFn,thisArg)
```

map() 函数的参数和 forEach() 函数一样。

案例 18-17 展示了 map() 函数的使用方法。

案例 18-17　代码如下：

```
<!DOCTYPE html>
<html>
    <head>
        <meta charset="UTF-8">
        <title>map()</title>
    </head>
    <body></body>
</html>
<script type="text/javascript">
    const numbers=[1,4,9];
    const roots=numbers.map((num)=>Math.sqrt(num));
    console.log(roots); //[1,2,3]
    console.log(numbers); //[1,4,9]

    const doubles=numbers.map((num)=>num * 2);
    console.log(doubles); //[2,8,18]
    console.log(numbers); //[1,4,9]
</script>
```

18.2.3　every()

every() 函数用于测试一个数组内的所有元素是否能通过指定函数的测试，它返回一个布尔值。

every() 函数的语法如下：

```
array.every(callbackFn)
array.every(callbackFn,thisArg)
```

every() 函数的参数和 forEach() 函数一样。

案例 18-18 展示了 every() 函数的使用方法。

案例 18-18 代码如下：

```
<!DOCTYPE html>
<html>
    <head>
        <meta charset="UTF-8">
        <title>every()</title>
    </head>
    <body></body>
</html>
<script type="text/javascript">
    function isBigEnough(element,index,array) {
        return element>=10;
    }
    [12,5,8,130,44].every(isBigEnough); //false
    [12,54,18,130,44].every(isBigEnough); //true
</script>
```

案例 18-19 展示了如何判断一个数组的所有元素是否存在于另一个数组中。

案例 18-19 代码如下：

```
<!DOCTYPE html>
<html>
    <head>
        <meta charset="UTF-8">
        <title>every()</title>
    </head>
    <body></body>
</html>
<script type="text/javascript">
    const isSubset=(a1,a2)=>
        a2.every((element)=>a1.includes(element));
    //true
    console.log(isSubset([3,4,5,6,7],[5,7,6]));
    //false
    console.log(isSubset([3,4,5,6,7],[5,8,7]));
</script>
```

18.2.4 some()

some() 函数用于测试数组中是否至少有一个元素通过了由提供的函数实现的测试。如果在数组中找到一个元素使得提供的函数返回 true，则返回 true，否则返回 false。它不会修改数组。

some() 函数的语法如下：

```
array.some(callbackFn)
array.some(callbackFn,thisArg)
```

some() 函数的参数和 forEach() 函数一样。

案例 18-20 展示了 some() 函数的使用方法。

案例 18-20　代码如下：

```
<!DOCTYPE html>
<html>
    <head>
        <meta charset="UTF-8">
        <title>some()</title>
    </head>
    <body></body>
</html>
<script type="text/javascript">
    function isBiggerThan10(element,index,array) {
    return element >10;
    }
    [2,5,8,1,4].some(isBiggerThan10); //false
    [12,5,8,1,4].some(isBiggerThan10); //true
</script>
```

18.2.5　filter()

filter() 函数用于创建给定数组一部分的浅拷贝，其包含通过所提供函数实现的测试的所有元素。

filter() 函数的语法如下：

```
array.filter(callbackFn)
array.filter(callbackFn,thisArg)
```

filter() 函数的参数和 forEach() 函数一样。

案例 18-21 展示了 filter() 函数的使用方法。

案例 18-21　代码如下：

```
<!DOCTYPE html>
<html>
    <head>
        <meta charset="UTF-8">
        <title>filter()</title>
    </head>
    <body></body>
```

```
</html>
<script type="text/javascript">
const array = [-1,0,1,2,3,4,5,6,7,8,9,10];

function isPrime(num) {
 for (let i=2;num>i;i++) {
     if (num%i===0) {
         return false;
     }
 }
return num>1;
}

console.log(array.filter(isPrime)); //[2,3,5,7]
</script>
```

18.2.6 find()

find() 函数用于返回数组中满足提供的测试函数的第 1 个元素的值，否则返回 undefined。

find() 函数的语法如下：

```
array.findLast(callbackFn)
array.findLast(callbackFn,thisArg)
```

find() 函数的参数和 forEach() 函数一样。如果需要在数组中找到对应元素的索引，则可以使用 findIndex()。findLast() 方法反向迭代数组，并返回满足提供的测试函数的第 1 个元素的值。如果没有找到对应元素，则返回 undefined。如果需要在数组中最后一个匹配元素的索引，则可以使用 findLastIndex()。

案例 18-22 展示了 find() 函数的使用方法。

案例 18-22 代码如下：

```
<!DOCTYPE html>
<html>
    <head>
        <meta charset="UTF-8">
        <title>find()</title>
    </head>
    <body></body>
</html>
<script type="text/javascript">
function isPrime(element,index,array) {
let start=2;
while (start<=Math.sqrt(element)) {
```

```
    if (element%start++<1) {
     return false;
     }
    }
   return element>1;
   }
   consolc.log([4,6,8,12].find(isPrime));
   //undefined，未找到
   console.log([4,5,8,12].find(isPrime)); //5
   </script>
```

18.2.7　reduce()

reduce() 函数用于对数组中的每个元素按序执行一个提供的 reduce 函数，每一次运行 reduce 会将先前元素的计算结果作为参数传入，最后将其结果汇总为单个返回值。

第一次执行回调函数时，不存在“上一次的计算结果”。如果需要回调函数从数组索引为 0 的元素开始执行，则需要传递初始值，否则数组索引为 0 的元素将被用作初始值，迭代器将从第二个元素开始执行 (即从索引为 1 而不是 0 的位置开始)。

reduce() 函数的语法如下：

```
array.reduce(callbackFn)
array.reduce(callbackFn,initialValue)
```

reduce() 函数的参数如下：

(1) callbackFn：数组中每个元素执行的函数。其返回值将作为下一次调用 callbackFn 时的 accumulator 参数。对于最后一次调用，返回值将作为 reduce() 的返回值。该函数被调用时将传入以下参数。

• Accumulator：上一次调用 callbackFn 的结果。在第一次调用时，如果指定了 initial-Value，则为指定的值，否则为 array[0] 的值。

• currentValue：当前元素的值。在第一次调用时，如果指定了 initialValue，则为 array[0] 的值，否则为 array[1] 的值。

• currentIndex：currentValue 在数组中的索引位置。在第一次调用时，如果指定了 initial-Value，则为 0，否则为 1。

• Array：调用了 reduce() 的数组本身。

(2) initialValue：可选，第一次调用回调函数时初始化 accumulator 的值。如果指定了 initial-Value，则 callbackFn 从数组中的第一个值作为 currentValue 开始执行。如果没有指定 initialValue，则 accumulator 初始化为数组中的第一个值，并且 callbackFn 从数组中的第二个值作为 currentValue 开始执行。在这种情况下，如果数组为空 (没有第一个值可以作为 accumulator 返回)，则会抛出错误。

案例 18-23 展示了 reduce() 函数的使用方法。

案例 18-23　代码如下：

```
<!DOCTYPE html>
<html>
    <head>
        <meta charset="UTF-8">
        <title>reduce()</title>
    </head>
    <body></body>
</html>
<script type="text/javascript">
    [15,16,17,18,19].reduce(
        (accumulator, currentValue)=>accumulator + currentValue,
        10,
    );
</script>
```

在案例 18-23 中，回调函数会被调用 5 次，每次调用的参数和返回值如表 18-1 所示。

表 18-1　reduce 函数调用表

调用次数	accumulator	currentValue	index	返回值
第一次调用	10	15	0	25
第二次调用	25	16	1	41
第三次调用	41	17	2	58
第四次调用	58	18	3	76
第五次调用	76	19	4	95

案例 18-24 展示了如何统计数组中值的出现次数的方法。

案例 18-24　代码如下：

```
<!DOCTYPE html>
<html>
    <head>
        <meta charset="UTF-8">
        <title>reduce()</title>
    </head>
    <body></body>
</html>
<script type="text/javascript">
    const names = ["Alice","Bob","Tiff","Bruce","Alice"];

    const countedNames=names.reduce((allNames,name)=>{
        const currCount=allNames[name] ? ? 0;
        return {
```

```
                ...allNames,
                [name]:currCount + 1,
            };
        }, {});
        //countedNames 的值是：
        //{'Alice': 2, 'Bob': 1, 'Tiff': 1, 'Bruce': 1}
</script>
```

18.2.8 flat()

flat() 函数用于创建一个新的数组，并根据指定深度递归地将所有子数组元素拼接到新的数组中。

flat() 函数的语法如下：

```
flat()
flat(depth)
```

flat() 函数中的 depth 参数是可选的，用于指定要提取嵌套数组的结构深度，默认值为 1。

案例 18-25 展示了如何展平嵌套数组的方法。

案例 18-25 代码如下：

```
<!DOCTYPE html>
<html>
    <head>
        <meta charset="UTF-8">
        <title>flat()</title>
    </head>
    <body></body>
</html>
<script type="text/javascript">
const arr1=[1,2,[3,4]];
arr1.flat();
//[1,2,3,4]
const arr2=[1,2,[3,4,[5,6]]];
arr2.flat();
//[1,2,3,4,[5,6]]
const arr3=[1,2,[3,4,[5,6]]];
arr3.flat(2);
//[1,2,3,4,5,6]
const arr4=[1,2,[3,4,[5,6,[7,8,[9]]]]];
arr4.flat(Infinity);
//[1,2,3,4,5,6,7,8,9]
</script>
```

flat() 函数属于复制函数，它不会改变当前数组，而是返回一个浅拷贝，该浅拷贝包含了原始数组中相同的元素。

拓展作业

1. 给定如下数组，筛选出性别为女的人名，存储到一个新的数组中。

```
var student = [
        ["张三","男","13594876584","美男"],
        ["李四","男","13594876555","美男"],
        ["范冰","女","13595468456","美女"],
        ["大桥","女","13595548569","美女"],
        ["吕布","男","13578945658","美男"],
        ["刘备","男","13576954874","美男"],
        ["哪吒","男","13579548455","美男"],
        ["甄姬","女","13587459548","美女"]
];
```

2. 将下面的数组从小到大排序。

```
[12,55,4,65,178,215,236,2,48,69,78,356,4]
```

第 19 章　JavaScript 对象

学习目标

1. 掌握类的概念。
2. 掌握对象的概念。
3. 掌握对象的创建方法。
4. 掌握对象在编程中的运用。

学习内容

19.1　理解对象

JavaScript 中几乎所有的事物都是对象，对象的单词是 Object，表示目标、物体的意思。抽象地理解，对象就是显示生活中的一切事物，可以是具体存在的，也可以是虚拟的，如一个人、一架飞机、一个商品、一个愿望等。那么，如何在代码中表示现实中的事物呢？在代码中对象就是变量和函数的组合，如现实中的人在代码中用变量表示人的属性，用函数表示人的行为动作。

表 19-1 是将现实中的人抽象成代码中的用户的方法。

表 19-1　用户在代码中的表示方法

人		用　户		
名字	张三	姓名	张三	realname="张三"
小名	小三	昵称	张大仙	nickname="张大仙"
性别	男	性别	女	gender="女"
生日	1999/1/1	生日	1996/12/12	birthday="1996-12-12"
籍贯	贵州贵阳	籍贯	北京	location="北京"

表 19-1 中的会员对象在程序中可以通过多个变量的组合来表示，但是很多情况下，如果只有变量，则很难完整地表示一个对象，需要结合函数共同表示。

表 19-2 中的对话框对象不仅具有属性，还具有显示、隐藏、确定和取消功能，这些功能无法使用变量表示，必须使用函数表示。

表 19-2 对话框对象

对话框对象 Dialog		
标题文字	温馨提示	var title="温馨提示"
内容文字	操作成功	var content="操作成功"
底部文字	感谢支持	var thinks="感谢支持"
显示按钮	显示	function show(){//代码 }
隐藏按钮	隐藏	function hide(){//代码 }
确定按钮	确定	function sure(){//代码 }
取消按钮	取消	function cancel(){//代码 }

在代码中，对象就是变量和函数的共同体，对象中的变量叫作属性或成员变量，函数叫作操作或成员函数。

19.2 创建对象

创建对象的方法是使用 new 语句。所有对象都可以通过 new 语句创建，包括前面所介绍的数组对象 Array。

案例 19-1 展示了通过 new Object() 语句创建一个自定义对象的方法。

案例 19-1 代码如下：

```
<!DOCTYPE html>
<html>
    <head>
        <meta charset="UTF-8">
        <title> 创建对象 </title>
    </head>
    <body></body>
</html>
<script type="text/javascript">
    //创建一个空对象 person
    person=new Object();
    //为 person 对象添加 realname 属性，用于表示真实姓名
    person.realname="张三";
    //为 person 对象添加 nickname 属性，用于表示昵称
    person.nickname="张大仙";
    //为 person 对象添加 age 属性，用于表示年龄
    person.age=23;
    //为 person 对象添加 gender 属性，用于表示性别
    person.gender="男";
```

```
    //获取并显示 person 对象的真实姓名
    document.write(person.realname);
</script>
```

除了使用 new 语句以外，还可以使用 {} 来创建对象。对象可以包含多个值 (多个变量)，每个值以键值对的形式出现。对象本质上也是变量，属于引用数据类型。对象在未创建之前，其值为 Null。

案例 19-2 展示了使用大括号创建数组的方法。

案例 19-2 代码如下：

```
<!DOCTYPE html>
<html>
    <head>
        <meta charset="UTF-8">
        <title> 创建对象 </title>
    </head>
    <body></body>
</html>
<script type="text/javascript">
    //name 没有特殊符号的情况下可以不使用引号
    //value 如果是字符串必须使用引号
    person={
        'realname':"张三",
        'nickname':"张大仙",
        'age':23,
        'sex':"男",
        "toString":function() {
            console.log("你好！ ")
        }
    };

    document.write(person.realname);
    //使用 person 对象的 toString() 函数
    person.toString();
</script>
```

JavaScript 中还有一种非常特殊的创建对象的方法，即通过构造函数创建对象，在构造函数中通过 this 语句来给对象指定所有属性，这种方法表面上看起来和普通函数一样。

案例 19-3 展示了通过构造函数创建对象的方法。

案例 19-3 代码如下：

```
<!DOCTYPE html>
<html>
```

```
        <head>
            <meta charset="UTF-8">
            <title> 创建对象 </title>
        </head>
        <body></body>
    </html>
    <script type="text/javascript">
        function Person(realname,nickname,age,sex) {
            //this 在这里表示当前对象
            this.realname=realname;
            this.nickname=nickname;
            this.age=age;
            this.sex=sex;
            this.toString=function() {
                document.write(this.realname + "你好！ ")
            };
        }
        //在创建对象时给对象的属性赋值。如果不赋值，则为 undefined
        person=new Person();
        person.toString(); //undefined 你好！
    </script>
```

构造函数和普通函数的区别在于其内是否有 this 语句。

19.3 类

类是用于创建对象的语法。类将表示对象的变量、函数以及处理这些变量的代码封装在一起，形成可以独立存在和使用的模块。类和函数类似，函数是实现某个功能的代码块的封装，而类是更高一级的封装，其将某个事物相关联的所有变量和函数封装在一起，最终目的都是进行代码的复用。类需要先创建再使用，创建类使用 class 关键词。

类的语法如下：

```
class Classname{
//构造函数
        constructor() {}
}
```

案例 19-4 展示了通过类创建对象的方法。

案例 19-4 代码如下：

```
<!DOCTYPE html>
```

```
<html>
    <head>
        <meta charset="UTF-8">
        <title> 创建对象 </title>
    </head>
    <body></body>
</html>
<script type="text/javascript">
    //创建对象
    class Person {
        //构造函数
        constructor(realname,nickname,age,gender) {
            this.realname=realname;
            this.nickname=nickname;
            this.age=age;
            this.gender=gender;
        }
        //成员函数
        introduce() {
            return this.realname + ":"+ this.gender;
        }
    }
    //创建 Person 对象
    var person = new Person("张三","张大仙",23,"男");
    console.log(person);
</script>
```

19.3.1　构造函数

constructor 是一种特殊的函数，在创建对象时被调用，可以实现一些初始化数据的操作。

在一个类中只能有一个名为 constructor 的构造函数，如果出现多次构造函数将会抛出一个 SyntaxError 错误。如果不指定一个构造函数，则会使用一个默认的构造函数。

案例 19-5 展示了构造函数初始化对象属性的方法。

案例 19-5　代码如下：

```
<!DOCTYPE html>
<html>
    <head>
        <meta charset="UTF-8">
        <title> 构造函数 </title>
    </head>
```

```
    <body></body>
</html>
<script type="text/javascript">
    class Polygon {
        constructor(height,width) {
            this.name='矩形';
            this.height=height;
            this.width=width;
        }
    }
</script>
```

19.3.2 继承

继承表示在类中创建一个类作为另一个类的子类，并且让子类继承其父类中的变量和函数。继承使用 extends 关键词。

构造函数中可以使用 super 关键词来调用父类的构造函数。如果子类中定义了构造函数，那么必须先调用 super() 才能使用 this 关键词。

案例 19-6 展示了根据名为 Polygon 的类创建一个名为 Square 的子类的方法。

案例 19-6 代码如下：

```
<!DOCTYPE html>
<html>
    <head>
        <meta charset="UTF-8">
        <title> 继承 </title>
    </head>
    <body></body>
</html>
<script type="text/javascript">
    class Square extends Polygon {
        constructor(length) {
            //必须保证父类的 height、width 属性被初始化
            //super 必须在最前面
            super(length,length);
            //this 必须在 super 之后
            this.name="正方形";
        }
        //getter 函数用于获取成员属性值
        get area() {
            //height、width 属性继承自父类
```

```
            return this.height * this.width;
        }
        //setter 函数用于给成员属性赋值
        set area(value) {
            this.area=value;
        }
    }
</script>
```

在案例 19-6 中，虽然 Square 子类没有定义 height 和 width 属性，但是由于 Square 子类继承了 Polygon 类，因此 Square 中也具有了 height 和 width 属性。

19.3.3 私有属性

类的属性默认都是公开的，这些属性可以在类中使用，也可以在类的外部使用。可以使用 # 前缀来定义私有属性，私有属性只能在类中使用，不能在类的外部使用，并且不能通过 delete 关键词删除。私有属性必须在类中显式地定义出来，直接使用未在类中定义的私有属性会报错。

案例 19-7 展示了私有属性的使用方法。

案例 19-7 代码如下：

```
<!DOCTYPE html>
<html>
    <head>
        <meta charset="UTF-8">
        <title> 私有 </title>
    </head>
    <body></body>
</html>
<script type="text/javascript">
    class ClassWithPrivateField {
        //必须在 class 全局作用域中显示定义
        #privateField;
        constructor() {
            this.#privateField=42; //正确
            delete this.#privateField; //语法错误
            this.#undeclaredField=444; //语法错误
        }
    }
    const instance=new ClassWithPrivateField()
    instance.#privateField===42; //语法错误
</script>
```

19.3.4 静态属性

类通过 static 关键词定义静态属性和方法。静态属性和方法不能在类的实例上 (类的对象) 调用，只能在类内部调用。

静态方法调用同一个类中的其他静态方法可以使用 this 关键词。非静态方法中不能直接使用 this 关键词来访问静态方法，而是要用类名来调用，如 Classname.STATIC_METHOD()，或者用构造函数的属性来调用该方法，如 this.constructor.STATIC_METHOD()。

案例 19-8 展示了静态函数的使用方法。

案例 19-8 代码如下：

```
<!DOCTYPE html>
<html>
    <head>
        <meta charset="UTF-8">
        <title> 静态 </title>
    </head>
    <body></body>
</html>
<script type="text/javascript">
    class StaticMethodCall {
        //静态属性显式定义
        static staticProperty='静态属性';
        //非静态构造函数
        constructor() {
            //非静态函数中调用静态函数
            StaticMethodCall.staticMethod();
            this.constructor.staticMethod();
            //非静态函数中调用静态属性
            StaticMethodCall.staticProperty="666"
            this.constructor.staticProperty="777"
            //虽然名称也是 staticProperty，但是是非静态属性
            this.staticProperty="555" //和静态属性不一样
        }
        static staticMethod() {
            return "静态函数";
        }
        static anotherStaticMethod() {
            return this.staticMethod() + "调用静态函数";
        }
    }
```

```
        new StaticMethodCall()
        //类外部通过类名.静态函数调用静态函数
        StaticMethodCall.staticMethod();
        StaticMethodCall.anotherStaticMethod();
    </script>
```

拓展作业

1. 分析一台计算机的结构，并创建一个计算机 (Computer) 对象，其中需要包含计算机的属性和功能。

2. 创建一个可以实现加减乘除四则运算的计算器对象。

第 20 章 JavaScript 内置对象

学习目标

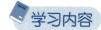

1. 掌握 Number 对象的特性。
2. 掌握 Math 对象的特性。
3. 掌握 Date 对象的特性。
4. 掌握 RegExp 对象的特性。
5. 掌握 String 对象的特性。

学习内容

20.1 Number 对象

Number 数字类型是一个双精度 64 位二进制的值，这意味着它可以表示小数，但是存储的数字的大小和精度有一些限制。

Number 数字类型包括以下 3 个部分：

(1) 1 位用于表示符号 (sign)(正数或者负数)。

(2) 11 位用于表示指数 (exponent)(−1022～1023)。

(3) 52 位用于表示尾数 (mantissa)(0～1 的数值)。

尾数 (也称为有效数) 是表示实际值 (有效数字) 的数值部分。指数是尾数乘以 2 的幂次，可以将其视为科学记数法。

Number 数字类型的格式如下：

$$\text{Number} = (-1)^{\text{sign}} \cdot (1 + \text{mantissa}) \cdot 2^{\text{exponent}}$$

20.1.1 toExponential()

toExponential() 函数用于返回一个指数表示法表示该数字的字符串。

toExponential() 函数的语法如下：

```
number.toExponential()
number.toExponential(fractionDigits)
```

toExponential() 函数的 fractionDigits 参数是可选的，参数为一个整数，用来指定小数点后有几位数字，默认为完整地显示该数字所有小数。

案例 20-1 展示了 toExponential() 函数的使用方法。

案例 20-1　代码如下：

```
<!DOCTYPE html>
<html>
    <head>
        <meta charset="UTF-8">
        <title>toExponential()</title>
    </head>
    <body></body>
</html>
<script type="text/javascript">
    const numObj=77.1234;
    //7.71234e+1
    console.log(numObj.toExponential());
    //7.7123e+1
    console.log(numObj.toExponential(4));
    //7.71e+1
    console.log(numObj.toExponential(2));
    //7.71234e+1
    console.log((77.1234).toExponential());
    //7.7e+1
    console.log((77).toExponential());
</script>
```

20.1.2　toFixed()

toFixed() 函数用于返回一个数字的字符串，但不使用指数计数法，并且可以指定保留小数位数，默认数字会四舍五入。如果小数位数不足，则小数部分用零填充，以使其具有指定长度。

toFixed() 函数的语法如下：

```
toFixed()
toFixed(digits)
```

toFixed() 函数的 digits 参数是可选的，表示小数点后的位数，应该是一个 0～100 的值，包括 0 和 100。如果这个参数被省略，则被视为 0。

案例 20-2 展示了 toFixed() 函数的使用方法。

案例 20-2　代码如下：

```
<!DOCTYPE html>
<html>
    <head>
        <meta charset="UTF-8">
```

```
        <title>toFixed()</title>
    </head>
    <body></body>
</html>
<script type="text/javascript">
    const numObj=12345.6789;
    //'12346'；四舍五入，没有小数部分
    numObj.toFixed();
    //'12345.7'；向上舍入
    numObj.toFixed(1);
    //'12345.678900'；用零补足位数
    numObj.toFixed(6);
    //'123000000000000000000.00'
    (1.23e20).toFixed(2);
    (1.23e-10).toFixed(2); //'0.00'
    (2.34).toFixed(1); //'2.3'
    (2.35).toFixed(1); //'2.4'；向上舍入
    (2.55).toFixed(1); //'2.5'
    //向下舍入，因为它无法用浮点数精确表示，并且最接近的可表示浮点数较小
    (2.449999999999999999).toFixed(1); //'2.5'
    //6.019999999999999e+23；大数仍然使用指数表示法
    (6.02 * 10 ** 23).toFixed(50);
</script>
```

20.1.3 parseInt()

parseInt() 函数用于解析一个字符串参数并返回一个指定基数的整数。

parseInt() 函数的语法如下：

```
parseInt(string)
parseInt(string,radix)
```

parseInt() 函数的参数如下：

• string：表示需要被解析的值。

• radixs：可选，应该为 2～36 的整数，表示 string 的基数 (进制)。

如果 radix 为 undefined 或 0，则 radix 将被默认设置为 10。如果 radix 为 0x 或 0X 开头的十六进制数，则 radix 将被默认设置为 16。如果 radix 小于 2 或大于 36，或第 1 个非空白字符不能转换为数字，则返回 NaN。

案例 20-3 展示了 parseInt() 函数的使用方法。

案例 20-3　代码如下：

```
<!DOCTYPE html>
<html>
```

```
    <head>
        <meta charset="UTF-8">
        <title>parseInt()</title>
    </head>
    <body></body>
</html>
<script type="text/javascript">
    // 以下例子均返回 -15
    console.log(parseInt("-F",16));
    console.log(parseInt("-0F",16));
    console.log(parseInt("-0XF",16));
    console.log(parseInt(-15.1,10));
    console.log(parseInt("-17",8));
    console.log(parseInt("-15",10));
    console.log(parseInt("-1111",2));
    console.log(parseInt("-15e1",10));
    console.log(parseInt("-12",13));
    //以下例子均返回 4
    console.log(parseInt(4.7,10));
    //非常大的数值变成 4
    console.log(parseInt(4.7*1e22,10));
    //非常小的数值变成 4
    console.log(parseInt(0.00000000000434,10));
    //以下例子均返回 NaN
    //根本就不是数值
    console.log(parseInt("Hello",8));
    //除了“0、1”外，其他数字都不是有效二进制数字
    console.log(parseInt( “546", 2));
</script>
```

20.1.4　parseFloat()

parseFloat() 函数用于解析参数并返回浮点数，如果无法从参数中解析出一个数字，则返回 NaN。

parseFloat() 函数的语法如下：

```
Number.parseFloat(string)
```

parseFloat() 函数的 string 参数表示要解析的值。

案例 20-4 展示了 parseFloat() 函数的使用方法。

案例 20-4　代码如下：

```
<!DOCTYPE html>
```

```
<html>
    <head>
        <meta charset="UTF-8">
        <title>parseFloat()</title>
    </head>
    <body></body>
</html>
<script type="text/javascript">
    //下面的例子均返回 3.14
    parseFloat(3.14);
    parseFloat("3.14");
    parseFloat("3.14");
    parseFloat("314e-2");
    parseFloat("0.0314E+2");
    parseFloat("3.14some non-digit characters");
    parseFloat({
        toString:function() {
            return "3.14";
        },
});
</script>
```

20.2 Math 对象

Math 对象拥有一些数学常数属性和数学函数方法，其所有属性与方法都是静态的。

Math 对象全局属性如下：

• Math.E：欧拉常数，也是自然对数的底数，约等于 2.718。

• Math.LN2：2 的自然对数，约等于 0.693。

• Math.LN10：10 的自然对数，约等于 2.303。

• Math.LOG2E：以 2 为底的 E 的对数，约等于 1.443。

• Math.LOG10E：以 10 为底的 E 的对数，约等于 0.434。

• Math.PI：圆周率，一个圆的周长和直径之比，约等于 3.141 59。

• Math.SQRT2：2 的平方根，约等于 1.414。

Math 对象全局函数如下：

• Math.abs(x)：返回一个数的绝对值。

• Math.cbrt(x)：返回一个数的立方根。

• Math.ceil(x)：返回一个数向上取整后的值。

- Math.floor(x)：返回一个数向下取整后的值。
- Math.round(x)：返回四舍五入后的整数。
- Math.log(x)：返回一个数的自然对数 (loge，即 ln)。
- Math.log10(x)：返回一个数以 10 为底数的对数。
- Math.log2(x)：返回一个数以 2 为底数的对数。
- Math.max([x[, y[, …]]])：返回零到多个数值中的最大值。
- Math.min([x[, y[, …]]])：返回零到多个数值中的最小值。
- Math.pow(x, y)：返回一个数的 y 次幂。
- Math.sqrt(x)：返回一个数的平方根。
- Math.trunc(x)：返回一个数的整数部分。
- Math.random()：返回一个 0～1 的伪随机数。

下面介绍 random() 函数。

random() 函数用于返回一个浮点数，实现范围为 0～1 的伪随机数，其值包括 0 但不包括 1。

案例 20-5 返回了一个在指定值之间的随机整数，这个整数值大于等于 min(如果 min 不是整数，则不小于 min 的向上取整数)，且小于 max。

案例 20-5　代码如下：

```
<!DOCTYPE html>
<html>
    <head>
        <meta charset="UTF-8">
        <title>random()</title>
    </head>
    <body></body>
</html>
<script type="text/javascript">
    function getRandomInt(min,max) {
        min=Math.ceil(min);
        max=Math.floor(max);
        //不含最大值，含最小值
        return Math.floor(Math.random() * (max-min))+min;
    }
</script>
```

如果需要生成两个整数之间的值，而且包括这两个整数在内，则可以参照案例 20-6 的代码。

案例 20-6　代码如下：

```
<!DOCTYPE html>
<html>
    <head>
```

```
        <meta charset="UTF-8">
        <title>random()</title>
    </head>
    <body></body>
</html>
<script type="text/javascript">
    function getRandomIntInclusive(min,max) {
        min=Math.ceil(min);
        max=Math.floor(max);
        //含最大值，含最小值
        return Math.floor(Math.random() * (max-min+1))+min;
    }
</script>
```

20.3 Date 对象

Date 对象用于创建一个指定日期和时间的对象。

Date 对象的语法如下：

```
new Date();
new Date(value);
new Date(dateString);
new Date(year, monthIndex [,day[,hours[,minutes[,seconds[,milliseconds]]]]]);
```

JavaScript 的时间由世界标准时间 (UTC)1970 年 1 月 1 日开始，用毫秒计时，一天由 86 400 000 毫秒组成。Date 对象的范围是 -100 000 000～100 000 000 天 (等效的毫秒值)。

Date 对象的参数如下：

• dataString：一个标准的时间字符串，如 "December 17,1995 03:24:00"、"1995-12-17T03:24:00"。

• year：表示年份的整数值，0～99 会被映射至 1900～1999 年，其他值代表实际年份。

• monthIndex：表示月份的整数值，从 0(1 月) 到 11(12 月)。

• day：可选，表示一个月中的第几天的整数值，从 1 开始，默认值为 1。

• hours：可选，表示一天中的小时数的整数值 (24 小时制)，默认值为 0(午夜)。

• minutes：可选，表示一个完整时间 (如 01:10:00) 中的分钟部分的整数值，默认值为 0。

• seconds：可选，表示一个完整时间 (如 01:10:00) 中的秒部分的整数值，默认值为 0。

• milliseconds：可选，表示一个完整时间的毫秒部分的整数值，默认值为 0。

案例 20-7 展示了创建一个日期对象的多种方法。

案例 20-7　代码如下：

```
<!DOCTYPE html>
<html>
```

```
    <head>
        <meta charset="UTF-8">
        <title>Date()</title>
    </head>
    <body></body>
</html>
<script type="text/javascript">
    var today=new Date();
    var birthday=new Date("December 17,1995 03:24:00");
    var birthday=new Date("1995-12-17T03:24:00");
    var birthday=new Date(1995,11,17);
    var birthday=new Date(1995,11,17,3,24,0);
</script>
```

时间也可以计算，案例 20-8 展示了如何以毫秒精度计算两个日期对象的时间差。

案例 20-8　代码如下：

```
<!DOCTYPE html>
<html>
    <head>
        <meta charset="UTF-8">
        <title>Date()</title>
    </head>
    <body></body>
</html>
<script type="text/javascript">
    var today=new Date();
    var birthday=new Date(2000,11,17,3,24,0);
    var elapsed=today-birthday; //以毫秒计的运行时长
</script>
```

20.4　RegExp 对象

RegExp 对象用于将文本与一个模式匹配，这里的模式就是正则表达式。

RegExp 对象的语法如下：

```
/pattern/flags;
new RegExp("pattern","flags");
new RegExp(/pattern/,"flags");
```

RegExp 对象的参数如下：

• pattern：正则表达式。flags 参数通常有以下 4 项匹配模式：

• flags：匹配模式。

① g：全局匹配，找到所有的匹配，而不是在第一个匹配之后停止。

② i：忽略大小写。

③ m：多行匹配，将开始和结束字符 (^ 和 $) 视为在多行上工作。换句话说，匹配每一行的开头或结尾，而不仅仅是匹配整个字符串的开头或结尾。

④ s：点号匹配所有字符，允许使用小数点去匹配新的行。

20.4.1 正则表达式

正则表达式可以在文本中实现查找、替换、提取和验证等功能。正则表达式包括各种规则和特殊表达式。

1. 方括号表达式

方括号用于查找某个范围内的字符。表 20-1 列出了各种方括号表达式。

表 20-1 方括号表达式

表 达 式	描 述
[abc]	查找方括号内的任何字符
[^abc]	查找任何不在方括号内的字符
[0-9]	查找任何从 0～9 的数字
[a-z]	查找任何从小写 a 到小写 z 的字符
[A-Z]	查找任何从大写 A 到大写 Z 的字符
[A-z]	查找任何从大写 A 到小写 z 的字符
[adgk]	查找给定集合内的任何字符
[^adgk]	查找给定集合外的任何字符
[red|blue|green]	查找“1”分割的任意一个选项

2. 元字符表达式

元字符 (Metacharacter) 是拥有特殊含义的字符，用于匹配特殊的字符。表 20-2 列出了元字符表达式的匹配规则。

表 20-2 元字符表达式

元字符	描 述
.	查找单个字符，除了换行和行结束符
\w	查找单词字符
\W	查找非单词字符
\d	查找数字
\D	查找非数字字符
\s	查找空白字符

续表

元字符	描　　述
\S	查找非空白字符
\b	匹配单词边界
\B	匹配非单词边界
\0	查找 NUL 字符
\n	查找换行符
\f	查找换页符
\r	查找回车符
\t	查找制表符
\v	查找垂直制表符
\xxx	查找以八进制数 xxx 规定的字符
\xdd	查找以十六进制数 dd 规定的字符
\uxxxx	查找以十六进制数 xxxx 规定的 Unicode 字符

3. 量词表达式

量词用于匹配数量，可以是 0 到多个、1 到多个等。表 20-3 列出了量词表达式的规则。

表 20-3　量 词 表 达 式

量 词	描　　述
+	匹配任何包含至少一个 n 的字符串
*	匹配任何包含零个到多个 n 的字符串
?	匹配任何包含零个或一个 n 的字符串
{X}	匹配包含 X 个 n 的序列的字符串
{X,Y}	匹配包含 X 至 Y 个 n 的序列的字符串
{X,}	匹配包含至少 X 个 n 的序列的字符串
$	匹配任何结尾为 n 的字符串
^	匹配任何开头为 n 的字符串
?=n	匹配任何其后紧接指定字符串 n 的字符串
?!n	匹配任何其后没有紧接指定字符串 n 的字符串

案例 20-9 展示了正则表达式的使用方法。

案例 20-9　代码如下：

```
<!DOCTYPE html>
<html>
    <head>
        <meta charset="UTF-8">
        <title>RegExp</title>
    </head>
```

```
    <body></body>
</html>
<script type="text/javascript">
/ab+c/i; //字面量形式
new RegExp("ab+c","i"); //首个参数为字符串模式的构造函数
new RegExp(/ab+c/,"i"); //首个参数为常规字面量的构造函数
</script>
```

20.4.2 test()

test() 函数用于查看正则表达式与指定的字符串是否匹配，返回匹配结果 true 或 false。

test() 函数的语法如下：

```
regexObj.test(str)
```

案例 20-10 展示了使用正则表达式验证 "hello" 是否包含在指定字符串的最开始。

案例 20-10　代码如下：

```
<!DOCTYPE html>
<html>
    <head>
        <meta charset="UTF-8">
        <title>test()</title>
    </head>
    <body></body>
</html>
<script type="text/javascript">
    let str1="hello world!";
    let str2="hi hello world!";
    let str3="hi world!";
    console.log(/^hello/.test(str1)); //true
    console.log(/^hello/.test(str2)); //false
    console.log(/hello/.test(str2)); //true
    console.log(/^hello/.test(str3)); //false
</script>
```

20.4.3 exec()

exec() 函数用于在一个指定字符串中执行一个搜索并匹配搜索结果，返回一个结果数组或 null。

exec() 函数的语法如下：

```
exec(str)
```

案例 20-11 展示了从指定字符串中查找日期格式的内容。

案例 20-11　代码如下：

```
<!DOCTYPE html>
<html>
    <head>
        <meta charset="UTF-8">
        <title>exec()</title>
    </head>
    <body></body>
</html>
<script type="text/javascript">
    let str = " 此文本 2211-12 用于 2212-9 随机测试 2215-2-12";
    let pattern = /\d{4}-\d{1,2}(-\d{1,2})*/g // 提取字符串中的日期
    let result;
    while((result=patt.exec(str))!=null) {
        console.log(result[0]);
    }
</script>
```

20.5　String 对象

String 对象用于表示字符串，并提供了很多操作字符串的方法。

20.5.1　search()

search() 函数用于在 String 对象中执行正则表达式并寻找匹配项。

search() 函数的语法如下：

```
string.search(regexp)
```

案例 20-12 展示了 search() 函数的使用方法。

案例 20-12　代码如下：

```
<!DOCTYPE html>
<html>
    <head>
        <meta charset="UTF-8">
        <title>search()</title>
    </head>
    <body></body>
</html>
<script type="text/javascript">
```

```
    const str="hey JudE";
    const re=/[A-Z]/;
    const reDot=/[.]/;
    //返回 4，这是第一个大写字母“J”的索引
    console.log(str.search(re));
    //返回 -1，找不到点符号“.”
    console.log(str.search(reDot));
</script>
```

20.5.2 match()

match() 函数用于检索字符串与正则表达式进行匹配的第一个结果。

match() 函数的语法如下：

```
string.match(regexp)
```

在案例 20-13 中，使用 match() 函数查找 Chapter 紧跟着 1 个或多个数值字符，再紧跟着一个小数点和数值字符，并且出现 0 次或多次。正则表达式包含 i 标志，大小写会被忽略。

案例 20-13 代码如下：

```
<!DOCTYPE html>
<html>
    <head>
        <meta charset="UTF-8">
        <title>match()</title>
    </head>
    <body></body>
</html>
<script type="text/javascript">
    const str="see Chapter 3.4.5.1,a Chapter 3.4.1.1";
    const re=/(chapter \d+(\.\d)*)/i;
    const found=str.match(re);
    console.log(found[0]);
</script>
```

如果希望返回所有匹配的结果，则可以使用 matchAll() 函数。

20.5.3 matchAll()

matchAll() 函数用于检索字符串与正则表达式进行匹配的所有结果。

matchAll() 函数的语法如下：

```
string.matchAll(regexp)
```

如果 regexp 是一个正则表达式，且没有设置全局 (g) 标志，则会抛出该异常。

案例 20-14 展示了 matchAll() 函数的使用方法。

案例 20-14　代码如下：

```
<!DOCTYPE html>
<html>
    <head>
        <meta charset="UTF-8">
        <title>matchAll()</title>
    </head>
    <body></body>
</html>
<script type="text/javascript">
    const str="see Chapter 3.4.5.1, look Chapter 3.4.1.1";
    const re=/(chapter \d+(\.\d)*)/ig;
    const matches=str.matchAll(re);
    //循环获取结果
    for(const match of matches) {
        console.log(
            `找到 ${match[0]}
            起始位置=${match.index}
            结束位置=${match.index + match[0].length}`
        );
    }
</script>
```

20.5.4　replace()

replace() 函数用于替换指定字符串，并支持正则表达式查找替换。

replace() 函数的语法如下：

```
string.replace(pattern,replacement)
```

replace() 函数的参数 pattern 如果是一个空字符串，则 replacement 参数的值将被插入到字符串的开头。在默认情况下，replace() 函数只会替换第 1 个匹配的字符串，可以使用带有 g 标志的正则表达式替换全部匹配的内容。

案例 20-15 展示了 replace() 函数的使用方法。

案例 20-15　代码如下：

```
<!DOCTYPE html>
<html>
    <head>
        <meta charset="UTF-8">
        <title>replace()</title>
    </head>
    <body></body>
```

```
</html>
<script type="text/javascript">
    let str="ABCabc,ABCabc"
    let res1=str.replace("A","X")
    console.log(res1)//XBCabc,ABCabc
    let res2=str.replace(/A/,"O")
    console.log(res2)//OBCabc,ABCabc
    let res3=str.replace(/A/ig,"@")
    console.log(res3)//@BC@bc,@BC@bc
</script>
```

replaceAll() 函数也可以替换全部匹配的内容。replaceAll() 函数用于替换指定字符串，并支持正则表达式查找替换，且默认替换全部匹配的内容。replaceAll() 函数的参数 pattern 如果是一个正则表达式，则必须设置全局 (g) 标志，否则会抛出 TypeError。

案例 20-16 展示了 replaceAll() 函数的使用方法。

案例 20-16　代码如下：

```
<!DOCTYPE html>
<html>
    <head>
        <meta charset="UTF-8">
        <title>replaceAll()</title>
    </head>
    <body></body>
</html>
<script type="text/javascript">
    let str="ABCabc,ABCabc"
    let res1=str.replaceAll("A","X")
    console.log(res1)//XBCabc,XBCabc
    let res3=str.replaceAll(/A/ig,"@")
    console.log(res3)//@BC@bc,@BC@bc
</script>
```

20.5.5 startsWith()

startsWith() 函数用于判断当前字符串是否以另外一个给定的子字符串开头，并根据判断结果返回 true 或 false。

startsWith() 函数的语法如下：

```
string.startsWith(searchString)
string.startsWith(searchString,position)
```

startsWith() 函数的参数如下：

• searchString：要搜索的作为结尾的字符串，不能是正则表达式。

• endPosition：可选，预期找到 searchString 的末尾位置 (即 searchString 最后一个字符的索引加 1)。

案例 20-17 展示了 startsWith() 函数的使用方法。

案例 20-17　代码如下：

```
<!DOCTYPE html>
<html>
    <head>
        <meta charset="UTF-8">
        <title>startsWith()</title>
    </head>
    <body></body>
</html>
<script type="text/javascript">
    const str="To be,or not to be, that is the question.";
    console.log(str.startsWith("To be")); //true
    console.log(str.startsWith("not to be")); //false
    console.log(str.startsWith("not to be",10)); //true
</script>
```

20.5.6　endsWith()

endsWith() 函数用于判断一个字符串是否以指定字符串结尾，如果是，则返回 true，否则返回 false。

endsWith() 函数的语法如下：

```
string.endsWith(searchString)
string.endsWith(searchString,endPosition)
```

案例 20-18 展示了 endsWith() 函数的使用方法。

案例 20-18　代码如下：

```
<!DOCTYPE html>
<html>
    <head>
        <meta charset="UTF-8">
        <title>endsWith()</title>
    </head>
    <body></body>
</html>
<script type="text/javascript">
    const str=" 生存还是毁灭，这是一个问题。";
    console.log(str.endsWith(" 问题。")); //true
```

```
    console.log(str.endsWith("毁灭")); //false
    console.log(str.endsWith("毁灭", 6)); //true
</script>
```

20.5.7 slice()

slice() 函数用于提取字符串的一部分，并将其作为新字符串返回，而不修改原始字符串。

slice() 函数的语法如下：

```
string.slice(indexStart)
string.slice(indexStart,indexEnd)
```

slice() 函数提取包括 indexStart 但不包括 indexEnd 的文本，str.slice(1,4) 提取的是第 2 个到第 4 个字符 (字符的索引为 1、2 和 3)。

案例 20-19 展示了使用 slice() 提取一个新字符串的方法。

案例 20-19 代码如下：

```
<!DOCTYPE html>
<html>
    <head>
        <meta charset="UTF-8">
        <title>slice()</title>
    </head>
    <body></body>
</html>
<script type="text/javascript">
const str="The morning is upon us."; // str1 的长度是 23
console.log(str.slice(1,8)); //he morn
console.log(str.slice(4,-2)); //morning is upon u
console.log(str.slice(12)); //is upon us.
console.log(str.slice(30)); //""
console.log(str.slice(-3)); //'us.'
console.log(str.slice(-3,-1)); //'us'
console.log(str.slice(0,-1)); //'The morning is upon us'
console.log(str.slice(4,-1)); //'morning is upon us'
</script>
```

20.5.8 split()

split() 函数用于将字符串分割成一个有序的子串列表，将这些子串放入一个数组，并返回该数组。split() 函数支持正则表达式。

split() 函数的语法如下：

```
string.split(separator)
```

```
string.split(separator,limit)
```

split() 函数的参数如下：

• separator：分隔符，支持正则表达式。

• limit：可选，一个非负整数，指定数组中包含的子字符串的数量限制。

案例 20-20 展示了 split() 函数的使用方法。

案例 20-20　代码如下：

```
<!DOCTYPE html>
<html>
    <head>
        <meta charset="UTF-8">
        <title>split()</title>
    </head>
    <body></body>
</html>
<script type="text/javascript">
const emptyString="";
//字符串是空的，分隔符是非空的
console.log(emptyString.split("a"));//[""]
//字符串和分隔符都是空的
console.log(emptyString.split(""));//[]

//查找字符串中的 0 或多个空格，并返回找到的前 3 个分割元素
const myString="Hello World. How are you doing?";
const splits=myString.split("",3);
console.log(splits);//["Hello","World.","How"]
</script>
```

案例 20-21 展示了 split() 函数使用正则表达式分割字符串的方法。

案例 20-21　代码如下：

```
<!DOCTYPE html>
<html>
    <head>
        <meta charset="UTF-8">
        <title>split()</title>
    </head>
    <body></body>
</html>
<script type="text/javascript">
const myString="Hello 1 word. Sentence number 2.";
const splits=myString.split(/(\d)/);
```

```
    console.log(splits);
    //["Hello","1","word. Sentence number","2","."]
</script>
```

如果需要将分割后的数组再次合并成一个字符串，则可以使用第 18 章中数组的 join() 函数。

拓展作业

1. 实现如图 20-1 所示的年月日三级联动的日期选择器，年份选择从 100 年前开始，到 2023 年结束；日期根据每个月自动变化。

图 20-1　日期选择器示例图

2. 实现如图 20-2 所示的时钟效果，并且能够每秒变化一次。

图 20-2　时钟效果示例图

第 21 章　JavaScript BOM 对象

学习目标

1. 掌握 screen 对象属性的特性。
2. 掌握 history 对象属性的特性。
3. 掌握 location 对象属性的特性。
4. 掌握 navigator 对象属性的特性。
5. 掌握计时器的使用方法。

学习内容

BOM(Browser Object Model) 指的是浏览器对象模型，其提供的一些属性和方法可以操作浏览器。在 JavaScript 中，有一个全局 window 对象，js 文件中的所有全局变量实际上都是 window 对象的属性，因此 window 对象在任何时候都可以省略不写。

下面两个对象是等价的：

```
window.screen===window
```

BOM 对象中常用的有 screen 对象、history 对象、navigator 对象和 location 对象，这些对象也都是 window 对象的属性。

21.1　screen 对象

screen 对象表示一个屏幕窗口，往往指的是当前正在被渲染的 window 对象，此对象为当前活动状态的浏览器窗口。screen 对象常用属性如下：

- width：屏幕的总宽度，包括 Windows 底部任务栏。
- height：屏幕的总高度，包括 Windows 底部任务栏。
- availWidth：屏幕的高度，不包括 Windows 底部任务栏。
- availHeight：屏幕的宽度，不包括 Windows 底部任务栏。
- colorDepth：色彩深度。
- pixelDepth：色彩分辨率。

案例 21-1 展示了 screen 对象的常用值。

案例 21-1　代码如下：

```
<!DOCTYPE html>
<html>
    <head>
        <meta charset="UTF-8">
        <title>screen</title>
    </head>
    <body></body>
</html>
<script type="text/javascript">
console.log("总宽度/高度:"+ screen.width + "*"+ screen.height);
//总宽度/高度：1920*1080
console.log("可用宽度/高度:"+ screen.availWidth + "*"+ screen.availHeight);
//可用宽度/高度：1920*1042
console.log("色彩深度:"+ screen.colorDepth);
//色彩深度：24
console.log("色彩分辨率:"+ screen.pixelDepth);
//色彩分辨率：24
</script>
```

21.2 history 对象

history 对象允许操作浏览器或框架里访问的会话历史记录。history 对象常用函数如下：

- back()：在会话历史记录中向后移动一页。
- forward()：在会话历史记录中向前移动一页。
- go(delta)：从会话历史记录中加载指定页面。

案例 21-2 展示了 history 对象的使用方法。

案例 21-2　代码如下：

```
<!DOCTYPE html>
<html>
    <head>
        <meta charset="UTF-8">
        <title>history</title>
    </head>
    <body></body>
</html>
<script type="text/javascript">
//向后移动一页 ( 等价于调用 back())
window.history.go(-1);
//向前移动一页，就像调用了 forward()
```

```
window.history.go(1);
//向前移动两页
window.history.go(2);
//向后移动两页
window.history.go(-2);
//以下任意一条语句都会重新加载当前页面
window.history.go(0);
</script>
```

21.3　location 对象

location 对象包含有关当前 URL 的信息。location 对象常用属性如下：

- hostname：web 主机的域名。
- pathname：当前页面的路径和文件名。
- port：web 主机的端口 (80 或 443)。
- protocol：所使用的 web 协议 (http:// 或 https://)。
- href：完整 URL(http://127.0.0.1:80/a/index.html)。
- hash：URL 的锚部分。
- search：URL 的查询部分。

案例 21-3 展示了 location 对象的使用方法。

案例 21-3　代码如下：

```
<!DOCTYPE html>
<html>
    <head>
        <meta charset="UTF-8">
        <title>location</title>
    </head>
    <body></body>
</html>
<script type="text/javascript">
var a = document.createElement('a');
a.href = 'https://127.0.0.1:80/demo/?id=1&c=1#test';
console.log(a.href);//http://127.0.0.1/demo/?id=1&class=c#test
console.log(a.protocol); //https:
console.log(a.host); //127.0.0.1
console.log(a.hostname); //127.0.0.1
console.log(a.port); //80
console.log(a.pathname); ///demo/
```

```
console.log(a.search); //?id=1&class=c
console.log(a.hash); //#test
console.log(a.origin); //https://127.0.0.1:80
</script>
```

21.4 navigator 对象

navigator 对象会返回一个浏览器的引用，可以用于获取当前浏览器的相关信息。navigator 对象常用属性如下：

- appCodeName：浏览器的代码名。
- appName：浏览器的名称。
- appVersion：浏览器的平台和版本信息。
- cookieEnabled：指明浏览器中是否启用 cookie。
- platform：运行浏览器的操作系统平台。
- userAgent：由客户端发送到服务器的 user-agent 值。
- geolocation：浏览器的地理位置信息。
- language：浏览器使用的语言。
- onLine：浏览器是否在线，若在线，则返回 ture，否则返回 false。
- product：浏览器使用的引擎 (产品)。

案例 21-4 展示了 navigator 对象的属性值。

案例 21-4 代码如下：

```
<!DOCTYPE html>
<html>
    <head>
        <meta charset="UTF-8">
        <title>location</title>
    </head>
    <body></body>
</html>
<script type="text/javascript">
console.log(navigator.appCodeName)
//Mozilla
console.log(navigator.appName)
//Netscape
console.log(navigator.appVersion)
//5.0 (Windows NT 10.0;Win64;x64) AppleWebKit/537.36 (KHTML,like Gecko) Chrome/120.0.0.0 
Safari/537.36
console.log(navigator.cookieEnabled)
```

```
//true
console.log(navigator.platform)
//Win32
console.log(navigator.userAgent)
//Mozilla/5.0 (Windows NT 10.0;Win64;x64) AppleWebKit/537.36 (KHTML,like Gecko) Chrome/120.0.0.0 Safari/537.36
console.log(navigator.geolocation)
//[object Geolocation]
console.log(navigator.language)
//zh-CN
console.log(navigator.onLine)
//true
console.log(navigator.product)
//Gecko
</script>
```

21.5　setTimeout()

setTimeout() 函数用于设置一个定时器，一旦定时器到期，就会执行一个函数或指定的代码片段。

setTimeout() 函数的语法如下：

```
setTimeout(functionRef)
setTimeout(functionRef,delay)
setTimeout(functionRef,delay,param1,...,paramN)
```

setTimeout() 函数的参数如下：

- functionRef：当定时器到期后将要执行的函数。
- delay：可选，定时器的等待时间，单位是毫秒。
- param1, ..., paramN：可选，传递给 functionRef 函数的参数。

如果想要取消 setTimeout() 建立的定时器，则可以使用 clearTimeout() 函数。

clearTimeout() 函数的语法如下：

```
clearTimeout(timeoutID)
```

clearTimeout() 函数的 timeoutID 参数表示要取消定时器的标识符。该标识符在由相应的 setTimeout() 调用时返回。

案例 21-5 展示了 setTimeout() 函数的使用方法。

案例 21-5　代码如下：

```
<!DOCTYPE html>
<html>
    <head>
```

```
        <meta charset="UTF-8">
        <title>setTimeout</title>
    </head>
    <body></body>
</html>
<script type="text/javascript">
let timeoutID=setTimeout(()=>{
    console.log("延迟 1 秒后再执行");
},"1000");
//马上取消 setTimeout
//上面的代码不会执行
clearTimeout(timeoutID)
</script>
```

21.6 setInterval()

setInterval() 函数用于重复调用一个函数或执行一个代码片段，在每次调用之间具有固定的时间间隔。

setInterval() 函数的语法如下：

```
setInterval(functionRef)
setInterval(functionRef,delay)
setInterval(functionRef,delay,param1,...,paramN)
```

setInterval() 函数的参数如下：

- functionRef：需要重复执行的函数。
- delay：可选，重复执行的时间间隔，单位是 ms。
- param1, ..., paramN：可选，传递给 functionRef 函数的参数。

如果想要取消 setInterval() 函数建立的定时器，则可以使用 clearInterval() 函数。

clearInterval() 函数的语法如下：

```
clearInterval(timeoutID)
```

clearInterval() 函数的 timeoutID 参数表示要取消定时器的标识符。该标识符在由相应的 setInterval() 调用时返回。

案例 21-6 展示了 setInterval() 函数的使用方法。

案例 21-6 代码如下：

```
<!DOCTYPE html>
<html>
    <head>
        <meta charset="UTF-8">
        <title>setInterval</title>
```

```
    </head>
    <body></body>
</html>
<script type="text/javascript">
var intervalID=setInterval(callback,500,"1","2");

function callback(a,b) {
    console.log(a); //1
    console.log(b); //2
    //5 秒后停止计时器
    setTimeout(() =>clearInterval(intervalID), 5000)
}
</script>
```

拓展作业

通过创建 BOM 节点的方式，结合 Date 日期对象，实现如图 21-1 所示的日历效果，默认显示当前日期，点击左右箭头切换月份显示。

图 21-1 日历效果示例图

第 22 章　JavaScript DOM 对象

学习目标

1. 了解 DOM 对象的概念。
2. 掌握 DOM 对象的常用方法。
3. 掌握 DOM 对象在开发中的运用。
4. 掌握事件对象的特征及运用。

学习内容

DOM(Document Object Model) 对象也就是 document 对象，表示任何在浏览器中载入的网页内容，也称为 DOM 树。DOM 树是一种树状结构，其节点代表 HTML 文档内容，每一个 HTML 文档都有其 DOM 树表示方法。

下面的 HTML 文档中的每一个标记都是一个文档节点。

```
<html>
    <head>
        <title>My Document</title>
    </head>
    <body>
        <h1>Header</h1>
        <p>Paragraph</p>
    </body>
</html>
```

上面的 HTML 文档对应的 DOM 树类似于图 22-1 的结构。

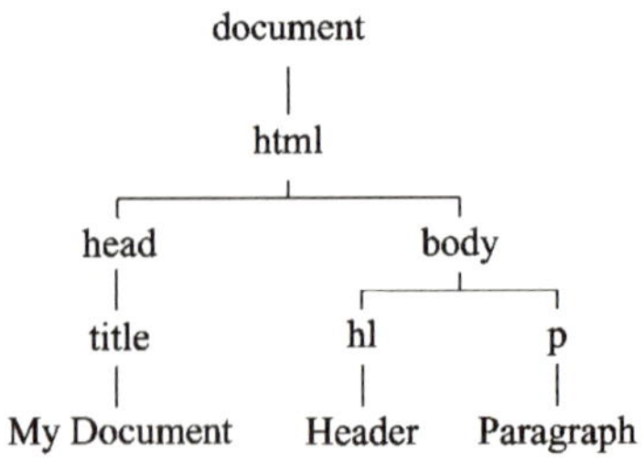

图 22-1　DOM 文档树结构示意图

当 Web 浏览器解析 HTML 文档时，浏览器会建立一个 DOM 树，然后用这个 DOM 树来显示文档，因此 document 对象能够操作文档中的所有内容。

22.1 DOM 节点

在 DOM 中，每一个元素都有对应的 Node 节点类型，常见的 Node 节点类型如下：

- 文档是文档 (Document) 节点。
- 所有 HTML 元素都是元素 (Element) 节点。
- 所有 HTML 属性都是属性 (Attribute) 节点。
- 插入到 HTML 元素的文本是文本 (Text) 节点。
- 注释是注释 (Comment) 节点。
- 事件是事件 (Event) 节点。

不同的节点类型可以使用不同的 DOM 函数来创建，常见的 DOM 函数如下：

- document.createElement()：创建元素节点。
- document.createDocumentFragment()：创建空片段节点。
- document.createAttribute()：创建属性节点。
- document.createTextNode()：创建文本节点。
- document.createComment()：创建带有指定文本的 Comment 节点。
- document.createEvent()：创建新事件节点。
- document.documentElement：获取 html 元素节点。
- document.body：获取 body 元素节点。

每个元素节点都是独立的 element 对象，因此 element 对象包含对元素节点的所有操作。element 对象常用的操作如下：

- element.appendChild(node)：添加一个子元素。
- element.removeChild(node)：删除一个子元素。
- element.insertBefore(node,newnode)：在指定子元素之前插入一个新的子元素。
- element.getAttribute(name)：获取指定元素的属性值。
- element.getAttributeNode(name)：获取指定属性节点对象。
- element.setAttribute()：设置或者改变指定属性并指定值。
- element.setAttributeNode()：设置或者改变指定属性节点。
- element.removeAttribute()：从元素中删除指定的属性。
- element.removeAttributeNode()：删除指定属性节点。
- element.hasAttribute(name)：判断元素中是否存在指定的属性。
- element.hasAttributes()：判断元素是否有任何属性。
- element.hasChildNodes()：判断元素是否具有任何子元素。

案例 22-1 展示了使用 JavaScript 创建各种节点并显示到页面上的方法。

案例 22-1 代码如下：

```
<html>
    <head>
        <meta charset="UTF-8">
        <title>Document</title>
    </head>
    <body></body>
</html>
<script type="text/javascript">
//创建属性节点
href = document.createAttribute("href")
href.value="index.html"
//创建文字节点
text = document.createTextNode(" 刷新 ")
//创建注释节点
comment = document.createComment(" 创建 a 标签 ")
//创建 a 元素
a = document.createElement("a")
//给 a 元素添加 href 属性
a.setAttributeNode(href)
//给 a 元素添加文字
a.appendChild(text)
//给 a 元素添加注释
a.appendChild(comment)
//创建空片段，用于容纳其他元素
fragment = document.createDocumentFragment()
//给片段添加 a 元素
fragment.appendChild(a)
//将片段添加到 body 元素中，显示在页面上
document.body.appendChild(fragment)
</script>
```

22.2 事件对象

event 事件对象表示在 DOM 中出现的各种事件，如鼠标或键盘事件。通常情况下事件是由用户触发的，但是也可以通过代码触发，如对元素调用 element.click() 方法可以触发元素的点击事件。

event 事件类型有很多，下面是一些常用的事件类型。

(1) 鼠标事件类型。

- onclick：单击某个对象时调用的事件。
- oncontextmenu：单击鼠标右键打开上下文菜单时触发的事件。
- ondblclick：双击某个对象时调用的事件。
- onmousedown：鼠标按钮被按下的事件。
- onmouseenter：鼠标指针移动到元素上时触发的事件。
- onmouseleave：鼠标指针移出元素时触发的事件。
- onmousemove：鼠标被移动的事件。
- onmouseover：鼠标移动到某元素上的事件。
- onmouseout：鼠标从某元素移开的事件。
- onmouseup：鼠标按键被松开的事件。

(2) 键盘事件类型。

- onkeydown：某个键盘按键被按下的事件。
- onkeypress：某个键盘按键被按下并松开的事件。
- onkeyup：某个键盘按键被松开的事件。

(3) 表单事件类型。

- onblur：元素失去焦点时触发的事件。
- onchange：元素的内容改变时触发的事件。
- onfocus：元素获取焦点时触发的事件。
- onfocusin：元素即将获取焦点时触发的事件。
- onfocusout：元素即将失去焦点时触发的事件。
- oninput：元素获取用户输入时触发的事件。
- onreset：表单重置时触发的事件。
- onselect：<input> 和 <textarea> 选取文本时触发的事件。
- onsubmit：表单提交时触发的事件。

当鼠标事件被触发时，能够获取到事件被触发时鼠标指针的位置参数，其位置参数如下：

- clientX：鼠标指针在浏览器中的水平坐标。
- clientY：鼠标指针在浏览器中的垂直坐标。
- screenX：鼠标指针在整个屏幕中的水平坐标。
- screenY：鼠标指针在整个屏幕中的垂直坐标。

案例 22-2 展示了实时获取鼠标移动时坐标的方法。

案例 22-2　代码如下：

```
<html>
    <head>
        <meta charset="UTF-8">
```

```
        <title>Event</title>
    </head>
    <body onmousemove="show_coords(event)"></body>
</html>
<script type="text/javascript">
function show_coords(event) {
    x=event.clientX;
    y=event.clientY;
    document.body.innerHTML="X 坐标:"+ x + ", Y 坐标 : "+ y;
}
</script>
```

事件对象中有两个比较特殊的函数，其作用如下：

• preventDefault()：阻止与事件关联的默认事件。

• stopPropagation()：阻止事件向上传递。

事件传递又叫事件冒泡 (Dubbed Bubbling)，指的是当一个元素接收到事件时，会把接收到的事件传给父级元素，并且一直往上传递到 window 对象。

案例 22-3 展示了事件的传递机制。

案例 22-3 代码如下：

```
<html>
    <head>
        <meta charset="UTF-8">
        <title>Event</title>
    </head>
    <style type="text/css">
    .parent{
        height:100px;
        border:1px solid black;
        display:flex;
        justify-content:center;
        align-items:center;
    }
    #child1{
        width:30%;
        height:50px;
        border:1px solid blue;
    }
```

```
    #child2{
        width:30%;
        height:50px;
        border:1px solid green;
    }
    </style>
    <body>
        <div class="parent"onclick="parent()">
            <!-- 先执行 child1() 函数，再执行 parent() 函数 -->
            <div id="child1"onclick="child1()"></div>
            <!-- 只执行 child2() 函数，不执行 parent() 函数 -->
            <a href=""id="child2"onclick="child2()"></a>
        </div>
    </body>
</html>
<script type="text/javascript">
function parent() {
    console.log("parent")
    event.target.style.border="1px solid red"
}
function child1() {
    console.log("child1")
    event.target.style.border="1px solid gold"
}
function child2() {
    console.log("child2")
    event.preventDefault()
    event.stopPropagation()
    event.target.style.border="1px solid gold"
}
</script>
```

在默认情况下，点击子元素会先执行子元素的点击事件，再依次执行父元素的点击事件。

拓展作业

1. 使用 Java Script 实现如图 22-2 所示的对话框效果，要求整体居中显示。

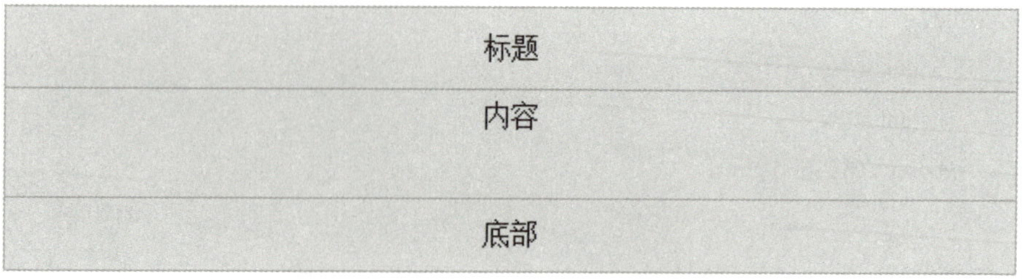

图 22-2 对话框效果示例图

2. 使用鼠标事件判断页面滚动方向，如图 22-3 所示。

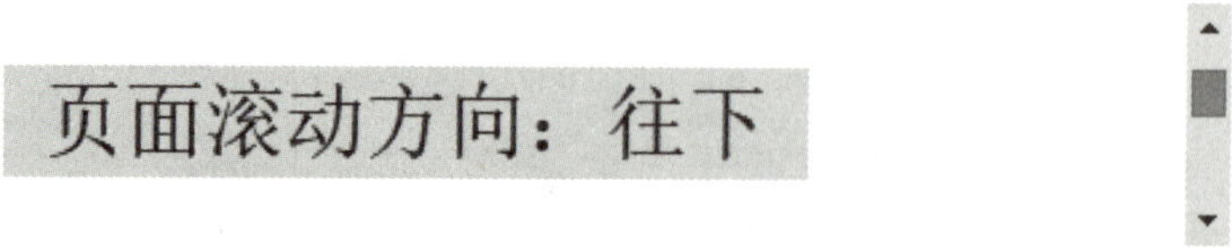

图 22-3 页面滚动示例图

第23章 综 合 案 例

学习目标

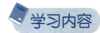

1. 学习并了解手机商城主页的制作方法。
2. 学习并了解电影网站 banner 的制作方法。
3. 学习并了解 App 网页的制作方法。

学习内容

23.1 手机商城综合案例

图 23-1 是手机商城主页的展示效果，其中包括顶部导航栏、搜索菜单栏、分类菜单、Banner 栏以及推荐和广告栏等内容。

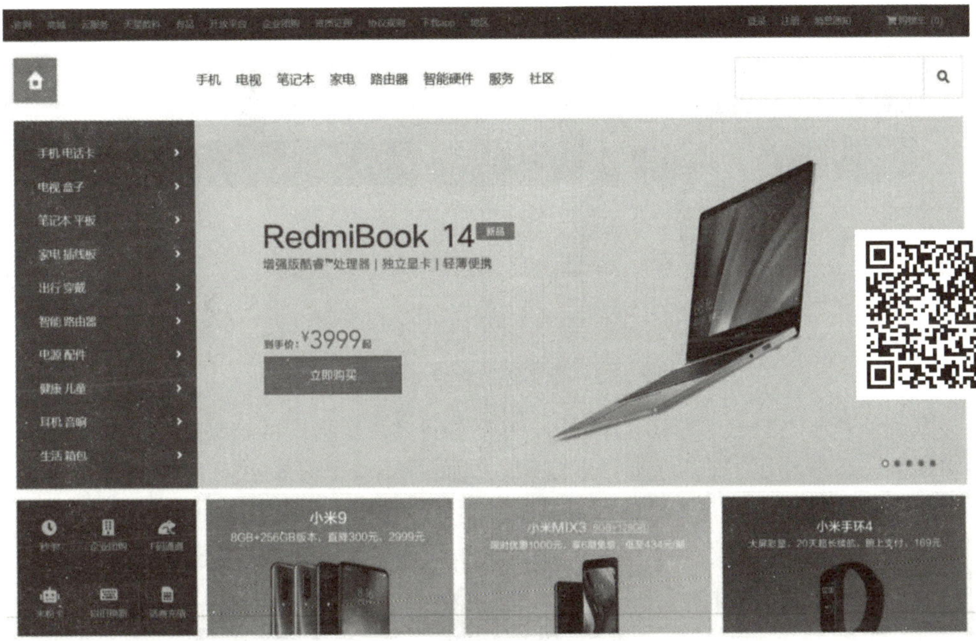

图 23-1　手机商城综合案例效果图

该案例是基于 HTML 和 CSS 技术开发的静态网页，使用到的核心属性为 position 定位属性、文本和字体属性、背景颜色和背景图片属性、过渡和动画属性等。

由于案例中的代码量较大，不适宜展示，读者可扫二维码阅读源代码并查看动态效果。

23.2　电影频道综合案例

图 23-2 是电影网站的主页，其中包括搜索和菜单栏、Banner 轮播图和热门推荐、热门分类菜单、推荐和广告栏、底部推荐链接模块等。

图 23-2　电影频道综合案例效果图

该案例是基于 HTML、CSS 技术开发的静态网页，轮播图的自动轮播功能是通过 CSS 技术实现的，而非使用 JavaScript 技术实现。页面中添加了很多 CSS 中的鼠标特效。

由于案例中的代码量较大，不适宜展示，读者可扫二维码阅读源代码并查看动态效果。

23.3　旅游出行 App 综合案例

图 23-3 是旅游出行 App 网站的主页，其中包括搜索栏、轮播图、菜单栏、功能导航矩阵、快捷导航栏、广告栏等。

图 23-3　旅游出行 App 综合案例

该案例是基于 HTML、CSS、JavaScript 技术开发的 App 网页。App 网页的设计有别于计算机网页，尤其是需要考虑 App 网页的宽度问题，在不同的设备上需要适配不同的比例。

由于案例中的代码量较大，不适宜展示，读者可扫二维码阅读源代码并查看动态效果。

参 考 文 献

[1] 储久良．Web 前端开发技术实验与实践：HTML5、CSS3、JavaScrip[M]．4 版．北京：清华大学出版社，2023.

[2] 刘均．Web 前端开发技术 (HTML5 + CSS3 + JavaScript + jQuery)(微课版)[M]．北京：清华大学出版社，2022.

[3] 郑娅峰．网页设计与开发：HTML、CSS、JavaScript 实例教程 [M]．4 版．北京：清华大学出版社，2021.

[4] FLANAGAN D. JavaScript 权威指南 [M]．7 版．李松峰，译．北京：机械工业出版社，2021.

[5] 梁莉菁，刘巧丽．网页设计与制作 (HTML5 + CSS3 + JavaScript)[M]．北京：清华大学出版社，2020.